Emil Leporcher

Tratamentos termoquímicos melhoram a vida útil à fadiga para perfuração de revestimento

Emil Leporcher

Tratamentos termoquímicos melhoram a vida útil à fadiga para perfuração de revestimento

ScienciaScripts

Imprint

Any brand names and product names mentioned in this book are subject to trademark, brand or patent protection and are trademarks or registered trademarks of their respective holders. The use of brand names, product names, common names, trade names, product descriptions etc. even without a particular marking in this work is in no way to be construed to mean that such names may be regarded as unrestricted in respect of trademark and brand protection legislation and could thus be used by anyone.

Cover image: www.ingimage.com

This book is a translation from the original published under ISBN 978-620-2-19764-9.

Publisher:
Sciencia Scripts
is a trademark of
Dodo Books Indian Ocean Ltd. and OmniScriptum S.R.L publishing group

120 High Road, East Finchley, London, N2 9ED, United Kingdom
Str. Armeneasca 28/1, office 1, Chisinau MD-2012, Republic of Moldova, Europe
Printed at: see last page
ISBN: 978-620-8-04752-8

Conteúdo

Resumo

A perfuração com revestimento está entre as dez tecnologias mais promissoras para reduzir os custos dos poços. Consiste em utilizar diretamente o revestimento como coluna de perfuração, seguido de cimentação após a conclusão de uma fase. Esta técnica não só reduz o tempo de perfuração, como também diminui o risco de problemas no fundo do poço, tais como tubos presos ou perda de circulação, para além de proporcionar um ambiente de trabalho mais seguro, o que conduz a uma redução dos custos do poço de cerca de 30%. No entanto, as ligações de revestimento foram inicialmente concebidas para suportar cargas de tração estáticas, enquanto que durante a perfuração as ligações são sujeitas a cargas cíclicas de flexão e compressão. De facto, as ligações de revestimento utilizadas para perfurar com revestimento apresentam um maior risco de falha por fadiga do que a coluna de perfuração correspondente para perfurar a mesma secção. Para reduzir as vibrações laterais e a encurvadura que estão a causar estas falhas por fadiga, podem ser utilizados colares de perfuração e centralizadores. No que diz respeito à ligação premium propriamente dita, já foram desenvolvidas muitas direcções:

- as roscas de contraforte são mais resistentes à fadiga do que as roscas em cunha;

- Verificou-se que as alterações de projeto e o trabalho a frio melhoram em 65% e 15%, respetivamente, a vida à fadiga das ligações;

- a escolha de uma qualidade de aço superior constitui também uma solução muito dispendiosa.

Mas, de acordo com o conhecimento do autor, a utilização de tratamentos de superfície termoquímicos em roscas de ligação de revestimento não foi investigada até à data. Propomo-nos aqui investigar as vantagens de tais tratamentos. De momento, apenas estão disponíveis ensaios à escala real (recomendados pelo boletim API 5B) baseados na utilização de uma máquina de dobragem ressonante e ensaios de materiais padrão, ambos apresentando graves limitações. De facto, os ensaios à escala real são dispendiosos, tanto em termos de dinheiro como de tempo, ao passo que os ensaios padrão apenas caracterizam a microestrutura do material e não a forma das roscas.

Para fazer face a este problema, este relatório apresenta, em primeiro lugar, a criação de um banco experimental de utilização fácil e económica para estabelecer curvas de fadiga. Colocando uma amostra roscada de um invólucro N80 numa configuração de flexão cíclica, bloqueando a face de carga da rosca, este banco tem em conta tanto a forma da rosca (que é um gerador de tensões), como o estado físico-químico da superfície da raiz da rosca (também responsável pela iniciação de fissuras por fadiga). Em segundo lugar, três tratamentos termoquímicos de superfície, nomeadamente a carbonitretação gasosa, a cementação gasosa com um teor de C de 0,6% e com um teor de C de 1,1%, foram então comparados utilizando este banco a uma dada amplitude de carga. A esta carga, a carbonitretação foi considerada o tratamento mais eficaz, o que está de acordo com trabalhos recentes. Foram então traçadas curvas de fadiga de amostras carbonitretadas e de amostras não tratadas para estimar o ganho devido a este tratamento de superfície específico numa gama mais alargada de cargas. Verificou-se que as cargas de fadiga admissíveis foram aumentadas em 32%, enquanto o limite elástico foi aumentado em 50%. Além disso, as superfícies carbonitretadas apresentam um baixo coeficiente de atrito, o que é interessante na perspetiva de obter ligações sem dopagem. No entanto, é de notar que as amostras carbonitretadas também apresentaram um modo de falha frágil durante o ensaio de flexão simples, o que não está de acordo com as recomendações da API 5B. Foi realizada uma análise ao Microscópio Eletrónico de Varrimento (MEV) nas faces fracturadas das amostras, de modo a comparar os aspectos microscópicos das falhas.

Em conclusão, a carbonitretação a gás não constitui um processo adequado para melhorar o desempenho à fadiga das ligações de revestimento, uma vez que não cumpre as recomendações da API 5CT SR16. No entanto, o ensaio de outros processos de carbonitretação, que permitam aumentar o limite de fadiga e preservar a ductilidade do aço, parece prometedor. A bancada experimental aqui proposta permitiria a realização destes ensaios a um custo muito reduzido.

Palavras-chave: Perfuração com revestimento, cementação e carbonitretação, fadiga, SEM

Introdução

Com a crescente procura de petróleo e gás no mundo, as empresas petrolíferas são forçadas a encontrar novas soluções técnicas para perfurar poços em reservatórios que não seriam economicamente rentáveis com a perfuração convencional. As áreas em causa são os reservatórios esgotados, mas também outro tipo de reservatório que está a ganhar interesse ao longo dos dias, os reservatórios de gás de areias apertadas, que representam as maiores reservas de gás do mundo. Neste âmbito, a "perfuração com revestimento" é uma tecnologia muito promissora que permite uma redução do custo do poço de 10% para 35%, reduz a ocorrência de problemas no fundo do poço, tais como a perda de circulação ou tubos presos, e proporciona também um ambiente de trabalho mais seguro. Este conceito foi desenvolvido por várias empresas e foi aplicado em diferentes campos em todo o mundo. No entanto, a utilização de uma coluna de revestimento como coluna de perfuração traz novas questões: a falha por fadiga das ligações do revestimento. Este problema não é novo para os engenheiros de perfuração, uma vez que ainda o enfrentam com a perfuração convencional; foram efectuadas investigações sobre as falhas de fadiga da junta da ferramenta da coluna de perfuração, de modo a encontrar soluções. Mas este não é o caso das ligações de revestimento originalmente concebidas para suportar cargas estáticas. Sabendo o custo associado ao aluguer da sonda de perfuração, à pesca da parte inferior da coluna de revestimento e ao risco de sidetrack em caso de falha, torna-se necessário melhorar a resistência das ligações de revestimento contra a falha por fadiga. O objetivo deste estudo é provar que os tratamentos termoquímicos de superfície que são amplamente utilizados na indústria automóvel podem ser aplicados nas roscas do revestimento, melhorando assim as propriedades de fadiga das ligações do revestimento. Este relatório começará por explicar as caraterísticas da "Perfuração com Liner/Casing" e os mecanismos envolvidos na falha por fadiga das ligações do revestimento. Em seguida, serão discutidas potenciais soluções para reforçar as roscas do revestimento e serão expostos os efeitos positivos da cementação e da carbonitruração. Numa terceira e última parte, a experiência, que foi elaborada para comparar três tratamentos de superfície, será exposta, os resultados serão discutidos e serão tiradas conclusões sobre as experiências e a eficiência do tratamento de superfície no reforço da rosca do revestimento.

1 "Perfuração com revestimento" e falha das ligações do revestimento

1.1 Caraterísticas da "Perfuração com revestimento"

A perfuração com revestimento é um sonho antigo de todos os perfuradores, tendo-se tentado implementar esta técnica desde os anos 30 [1]. Trata-se de uma solução alternativa à perfuração convencional e consiste em perfurar e colocar um revestimento no poço em simultâneo, utilizando invólucros e tubagens normais dos campos petrolíferos em vez de cordas de perfuração (ver figura 1). Embora os conceitos e projectos estivessem disponíveis há muito tempo (a figura 2 mostra uma patente da Brown Oil Tool de 1970), os engenheiros estavam a impedir a utilização desta técnica devido a limitações tecnológicas.

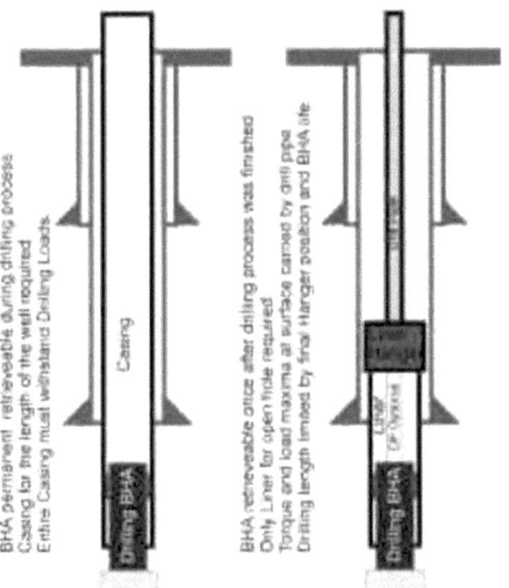

Figura 1: esquema de perfuração com revestimento e liner

Atualmente, graças aos progressos realizados na metalurgia dos aços e ao desenvolvimento de novas ferramentas, foram realizados investimentos desde 1999 e a "perfuração com revestimento" (DWC ou também designada por "perfuração com revestimento") surge como uma tecnologia emergente valiosa que se expandirá no futuro [2,3,4]. A "perfuração com revestimento" elimina a utilização de tubos de perfuração, reduz significativamente o tempo de deslocação e o tempo perdido devido a eventos não programados, tais como escareamento, pesca e pontapés durante a deslocação. Além disso, a folga do furo é menor do que com a perfuração convencional, o que leva a uma melhor estabilidade do furo, evita-se a passagem do revestimento e a cimentação é efectuada diretamente após a perfuração. É necessário efetuar algumas modificações na sonda de perfuração, como a instalação de um sistema de tração superior (figura 3) para passar o revestimento, mas uma vez que as cordas de revestimento são mais leves do que as cordas de perfuração, são necessárias sondas mais pequenas com menor potência. O desenvolvimento de uma gama de ferramentas, como as brocas PDC perfuráveis (figura 4) e os conjuntos de bloqueio de perfuração recuperáveis (para transmitir o binário entre a coluna de revestimento e a broca de perfuração, como mostra a figura 5), contribuíram para o êxito da aplicação da "perfuração com revestimento".

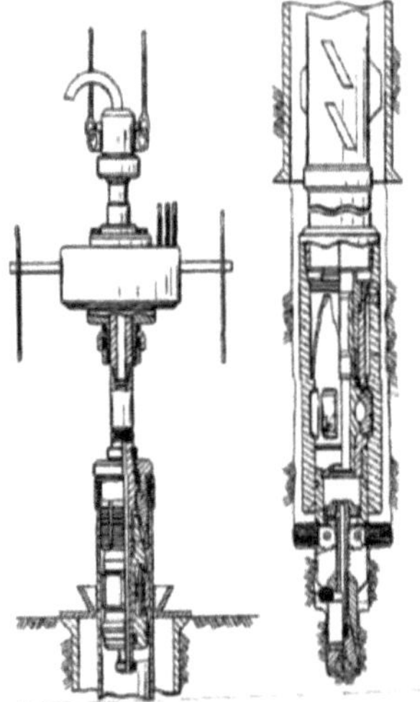

Figure 2: A patent of 1970

Figure 3: A casing top drive system

Figure 4: Drillable PDC bit

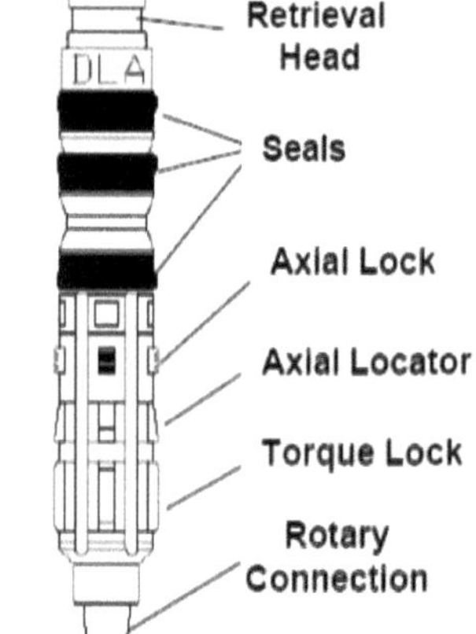

Figure 5: Example of drill lock assembly

A "perfuração com revestimento" foi aplicada em todo o mundo primeiro para perfurar poços verticais e está a ser ativamente desenvolvida para a perfuração direcional [5]. O facto de a "perfuração com revestimento" conduzir a uma redução de custos de cerca de 30%, torna rentável a perfuração de reservatórios esgotados, mas também de um tipo de reservatórios recentemente reconsiderado, denominado reservatórios de areias apertadas. Estes reservatórios têm permeabilidade e porosidade muito baixas, e a sua produção é estimulada por operações de fracturação da rocha (que consiste em injetar a alta pressão pequenas esferas, chamadas proppant, para criar fracturas na rocha e mantê-las abertas); estes reservatórios representam um aumento de 25% das reservas de hidrocarbonetos disponíveis no mundo.

No entanto, a "perfuração com revestimento" mostrou algumas limitações, e os problemas que foram encontrados e parcialmente resolvidos na perfuração convencional estão a aparecer novamente, especialmente no que diz respeito à ligação entre as cadeias de revestimento.

1.2 Especificações da ligação do invólucro

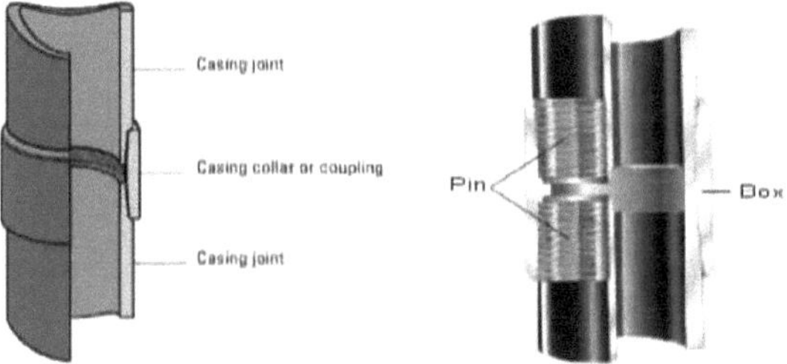

Figura 6: Representação esquemática e fotografia dos conectores do invólucro

Os aperfeiçoamentos efectuados nas ligações quanto à geometria das roscas e, recentemente, os requisitos quanto ao mecanismo de vedação, resultaram na existência de uma vasta gama de ligações, com caraterísticas que obedecem às recomendações dos boletins do American Petroleum Institute (API 5CT). Uma ligação é normalmente roscada diretamente num tubo de extremidade lisa e caracteriza-se por:

•	a sua envolvente VME (figura 7), que está fortemente relacionada com as propriedades do aço;

•	a forma dos seus fios (figura 8);

•	o mecanismo de vedação (se existir, figura 8);

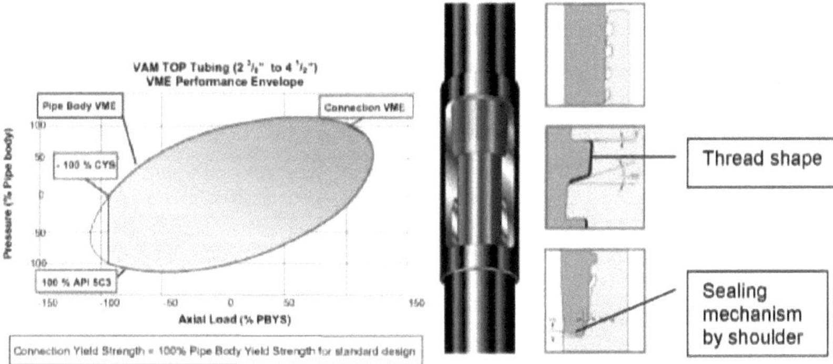

Figure 7: VME envelop   Figure 8: Thread shape and sealing mechanism

A integridade da ligação depende não só da qualidade do aço, nomeadamente da tensão de cedência, mas também da conceção da rosca. Para aplicações de "Perfuração com revestimento", são normalmente utilizadas duas formas principais (ver figura 9):

- o fio do contraforte;

- a rosca em gancho, que tem um flanco de carga negativo.

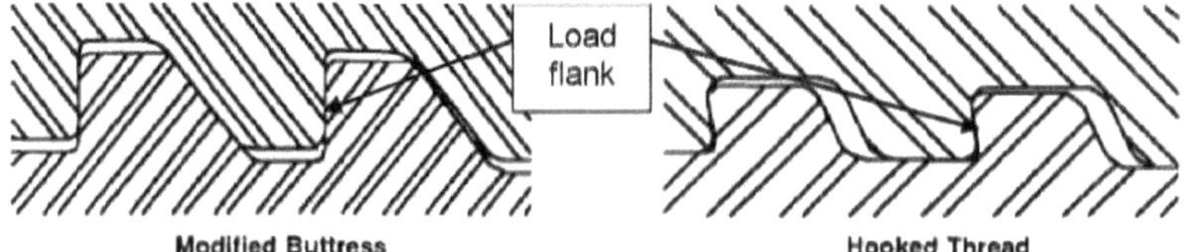

Figura 9: Formas das roscas

A questão é que um engenheiro de perfuração que pretenda utilizar a "Perfuração com revestimento" tem de considerar que a ligação do revestimento deve ter valores de binário de cedência próximos ou superiores aos do tubo de perfuração equivalente para perfurar a mesma secção, uma vez que as ligações transmitem o binário à broca de perfuração. Se o engenheiro de perfuração escolher uma forma de rosca de contraforte, é pelo perfil de rosca de baixa concentração de tensão e pela sua resistência à fadiga. Infelizmente, as ligações com rosca de contraforte não permitem a utilização de um binário elevado e terá de ser colocado um anel de carga (ver figura 10) para suportar um binário elevado [4]. Por exemplo, a ligação API Buttress com um anel inserível foi utilizada no campo de Lobo para adicionar resistência ao binário quando as extremidades dos pinos se encostaram ao anel durante a montagem. Infelizmente, foram registadas algumas falhas perto do BHA. Estas ligações foram mais tarde alteradas para a ligação DWC/C devido a estas falhas [18]. Atualmente, está a ser desenvolvida uma nova conceção, baseada na rosca de contraforte com algum tipo de ombro de binário [15,20].

Figura 10: Acoplamento DWC-C (Grand Prideco)

A escolha de uma ligação Wedge Thread (figura 11), que utiliza uma forma de rosca em gancho, seria feita pelos seus limites de binário extremamente elevados e uma pequena relação entre o diâmetro exterior e o diâmetro interior [14]. De facto, os flancos de carga e de ataque com ângulos negativos permitem uma melhor distribuição da tensão de binário ao longo de toda a rosca, o que é essencial para as operações de perfuração. No entanto, em muitos campos foi relatado [2,13] que as ligações Wedge Thread não eram robustas à fadiga.

Figura 11: Ligação premium de rosca em cunha

Em ambos os casos, a tecnologia "Drilling with Casing" pode trazer soluções para problemas de perda de circulação no fundo do poço ou tubos presos, e permitir a redução de custos. Mas também traz novos desafios, especialmente no que diz respeito às ligações de revestimento que não foram concebidas para suportar os requisitos de perfuração, pelo que os parâmetros de perfuração têm de ser reduzidos para evitar falhas por fadiga e, consequentemente, reduzir a taxa de penetração.

1.3 Análise de casos históricos

Foram publicados muitos artigos sobre o sucesso da utilização do "Drilling with Casing" em diferentes locais do mundo, mas o ponto comum era a preocupação com a fadiga das ligações do revestimento.

Nos EUA, a Conoco e a Tesco aplicaram o "Drilling with Casing" no campo de Lobo [6],[7], Texas, utilizando a ligação DWC-C no revestimento de produção de 4 1/2". Esta ligação tem uma rosca de contraforte API e requer um anel de carga inserível para transmitir o binário entre as extremidades do revestimento. A inspeção de fissuras foi efectuada na junta do revestimento inferior trinta sem detetar fissuras. Mas o mesmo não aconteceu com o revestimento de 7", uma vez que um em cada três poços apresentava falhas por fadiga. No entanto, estão a ser envidados esforços no sentido de alterar a conceção da ligação do contraforte API para uma que tenha uma classificação de binário adequada sem necessitar dos anéis de binário. No Wyoming, a BP e a Tesco empreenderam um projeto para perfurar cinco poços de gás na área de Wamsutter [2]. Uma das questões de engenharia consistia em avaliar alternativas para evitar danos no revestimento devido à encurvadura e selecionar uma ligação de revestimento adequada. Para os dois primeiros poços, optou-se por uma ligação roscada em cunha, com um revolvimento externo. Infelizmente, durante a perfuração destes dois poços, as roscas de uma série de juntas de revestimento foram danificadas e as juntas foram substituídas. A ligação do revestimento foi alterada para uma baseada na forma de rosca de contraforte, mais resistente à fadiga mas com um diâmetro exterior maior, que foi especificamente concebida e testada para a perfuração de revestimentos.

No México, a PEMEX também contribuiu para o desenvolvimento da "perfuração com revestimento" no campo de gás de Burgos [8] e no campo de El Abra [9]. Relativamente ao campo de Burgos, após várias análises de cordas, foi determinado que uma tubagem de 3-1/2 pol. com uma ligação integral de rosca em cunha e vedação metálica no tubo de retorno interno-externo satisfaria os requisitos de carga para torção, tensão, compressão e flexão. Esta escolha foi novamente implementada para El Abra, mas os engenheiros tiveram de considerar as elevadas cargas de flexão relacionadas com a perfuração, que geraram cargas de fadiga, como um fator de limitação: embora as ligações de rosca em cunha proporcionem uma elevada resistência ao binário, é importante obter uma estimativa exacta da vida à fadiga das ligações em condições de funcionamento.

Na Noruega, a Amoco Norway utilizou o "Liner Drilling" no campo de Valhall para reservatórios esgotados [10]. Esta técnica não é mais do que o mesmo que "Drilling with Casing", com a utilização de um liner (tubo com um diâmetro inferior a 4 1/2") em vez de um revestimento. Nestas circunstâncias, a severidade do dogleg é maior do que na perfuração convencional (até 20 graus por 100 pés), e ocorre frequentemente que os liners utilizados na perfuração são pescados após algumas rotações do tubo (entre 12 000 e 14 000 rotações) devido à torção das ligações.

Na China, a "perfuração com revestimento" também foi desenvolvida, como nos sítios offshore de Dagang, Tianjin [11], mas um relatório adverte os engenheiros para o risco mais elevado de falhas por fadiga [12] nas ligações e para as subsequentes perdas de eficiência da utilização desta técnica. São feitas recomendações sobre os parâmetros de funcionamento....

Através destas histórias de casos, parece claro que a melhoria da vida à fadiga das ligações de revestimento e tubagem teria um impacto importante no custo dos poços de gás e petróleo.

2 Comparação com a perfuração convencional

2.1 Origem da falha da ligação do invólucro

Os requisitos para a arquitetura do poço realizado por "Perfuração com revestimento" são bastante semelhantes à arquitetura de um poço convencional. Há um aspeto que deve ser considerado adicionalmente: o revestimento é sujeito a tensões adicionais durante a fase de perfuração. A figura 12 mostra todas as interações entre o ambiente e o revestimento durante o serviço [15].

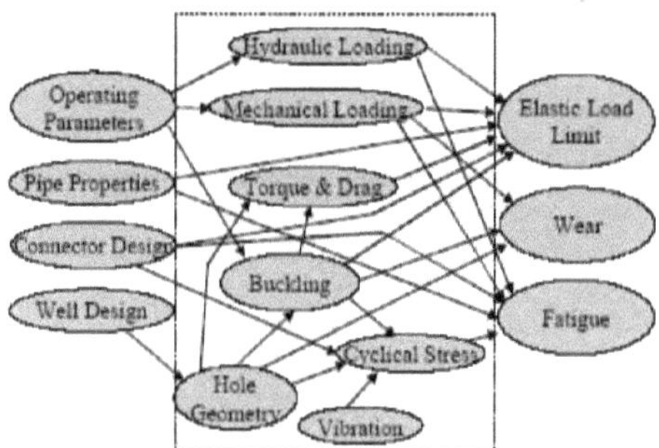

Figura 12: Interações que afectam a integridade do revestimento para "Perfuração com revestimento"

As considerações sobre a integridade do revestimento baseiam-se no limite de carga elástica, no estado de desgaste e de fadiga do material. A conceção do poço, a escolha de uma ligação adequada, as propriedades físicas do material e os parâmetros de funcionamento afectarão consequentemente a integridade do revestimento. Graças à experiência adquirida com a perfuração convencional, a maioria destes factores pode ser tratada com técnicas de engenharia de perfuração convencionais. No entanto, a flambagem e as vibrações merecem considerações especiais, uma vez que ambas são geradoras de fadiga.

Encurvadura: Para se obter uma boa taxa de penetração, é necessário colocar peso na broca de perfuração. Na perfuração convencional, são utilizados colares de perfuração para garantir que a coluna de perfuração não seja danificada pela flambagem. Os colares de perfuração são, na realidade, cordas de perfuração mais pesadas que são fixadas imediatamente acima do conjunto do fundo do poço. Na "Perfuração com revestimento", não existem tais colares de perfuração e a parte inferior da coluna suportará uma carga de compressão limitada antes de encurvar. Uma vez desencadeada a encurvadura, a coluna não pode suportar a carga de compressão sem apoio lateral, que é fornecido pela parede do furo. A encurvadura em si mesma não é destrutiva, mas o desgaste devido ao apoio lateral aumentará o binário necessário e o revestimento sofre uma geometria curva (ver figura 13) que aumenta tanto a tensão no material como a tendência para vibrações laterais. Consequentemente, a encurvadura afectará a vida à fadiga do tubo, pelo que o peso da broca terá de ser reduzido e a taxa de penetração também.

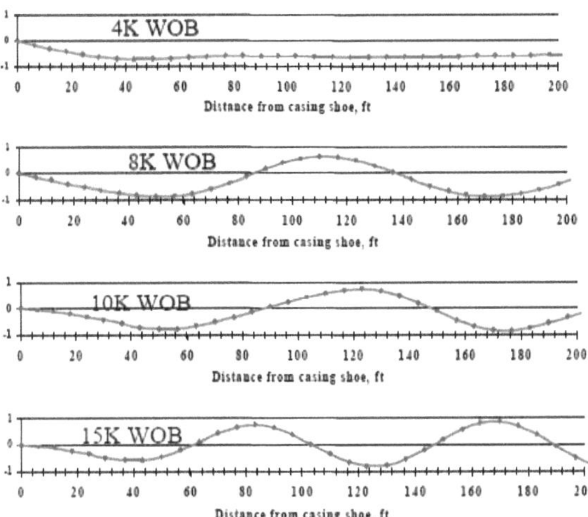

Figura 13: Vistas laterais da deflexão do revestimento de 4 1/2", 9,5# a 0,5 graus de inclinação e diferentes pesos na broca (WOB)

Vibrações: As vibrações a jusante do furo são geradas pelo contacto entre a rocha e a broca de perfuração, essencialmente devido ao turbilhonamento para trás no caso da utilização da broca PDC [13,21], mas a sua importância será função da folga do furo e da rigidez da coluna. Por um lado, o diâmetro exterior necessário do revestimento para a perfuração é maior do que o diâmetro exterior do tubo de perfuração correspondente, resultando num aumento da rigidez, o que leva a um aumento da magnitude das tensões de inversão [16]: a tensão de flexão do revestimento de 5 1/2" é cerca de 1,5 vezes superior à do tubo de perfuração de 3 1/2" e a do revestimento de 7" é também cerca de 1,5 vezes superior à do tubo de perfuração de 4 1/2" [15], mostrando que o revestimento é mais sensível do que o tubo de perfuração para a mesma dimensão de furo. Por outro lado, uma coluna de perfuração é mais propensa a vibrações do que o revestimento, devido à maior folga do furo com a utilização da coluna de perfuração (figura 14), pelo que as tensões geradas no tubo de perfuração pelas vibrações são mais elevadas do que no revestimento.

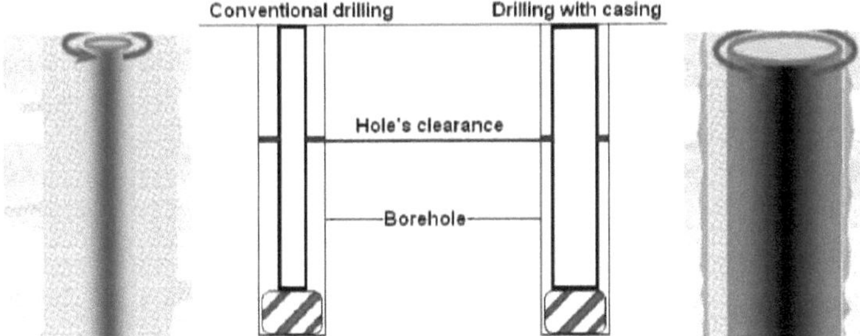

Figura 14: Diferença de folga do furo para perfuração convencional e "Perfuração com revestimento"

Cargas cíclicas e fadiga: A falha por fadiga do revestimento é gerada por cargas repetidas ou cíclicas a níveis de tensão muito abaixo da resistência elástica do seu material. Sob cargas repetidas, uma pequena fenda começa num ponto de elevada tensão localizada e propaga-se através do corpo até que a área da secção transversal restante seja insuficiente para suportar a carga estática. Estas falhas resultam geralmente de cargas de flexão oscilantes em vez de cargas de torção e estão frequentemente localizadas na parte roscada da parte inferior da coluna de perfuração [15,17]. Em muitos casos, uma fissura de fadiga resultará numa fuga antes da rutura final, através de um mecanismo de "wash out" (abertura mais rápida da fissura devido à entrada de gás a alta pressão na fissura). As duas fontes comuns de tensão de flexão cíclica nas colunas de perfuração são:

- rodar o tubo numa geometria curva, quer devido a encurvadura quer devido a dogleg;
- vibrações laterais, que são uma grande preocupação em caso de níveis de stress elevados.

Existe muita literatura que trata de aspectos de engenharia sobre as colunas de perfuração, mas estes dados raramente estão disponíveis para o revestimento, porque as propriedades de fadiga das ligações do revestimento não eram uma preocupação para as aplicações normais do revestimento [15,17,20], ou seja, permanecer estacionário no furo. Uma vez que, para um mesmo furo, e a uma dada curvatura para o mesmo nível de tensão, se verificou que o revestimento será sujeito a uma tensão de flexão mais elevada do que o tubo de perfuração, isso significa que o revestimento é mais sensível a falhas por fadiga do que o tubo de perfuração. Consequentemente, o baixo binário e o baixo peso da broca, a fim de manter a flambagem no mínimo e reduzir as vibrações, impedem que a tecnologia "Drilling with Casing" tenha uma boa taxa de construção. Além disso, recomenda-se a utilização de uma velocidade de rotação de 80-90 rotações por minuto em vez das 150 rpm da perfuração convencional [7]. É necessária uma melhor caraterização das propriedades de fadiga das ligações do revestimento.

2.2 Soluções inspiradas na perfuração convencional

2.2.1 Similaridades e diferenças

De acordo com a experiência adquirida com a perfuração convencional, alguns pontos comuns podem ser destacados. As falhas por fadiga são uma das principais preocupações na perfuração convencional, uma vez que representam mais de 50% das falhas [22,23] e ocorrem normalmente nas quinze ligações acima do conjunto fundo-furo. As duas principais soluções para reduzir as falhas por fadiga estão relacionadas a:

- propriedades do material;
- estados de stress.

Relativamente às propriedades dos materiais, os progressos na tecnologia de microligação e no processamento termomecânico permitiram a produção de aços de alta resistência e baixa liga (aços HSLA). O American Petroleum Institute (Instituto Americano do Petróleo) estabeleceu uma classificação normalizada para os invólucros, que são fabricados com estes aços. Estes tipos de aço baseiam-se em:

- uma letra correspondente a uma gama de limites de elasticidade;
- um número que é o limite elástico mínimo expresso em ksi (kilo libras por polegada quadrada).

Por exemplo, um aço de grau N80 tem um limite elástico mínimo de 80 000 psi.

Estes valores baseiam-se no modelo de um material com dois comportamentos distintos (Figura 15), uma primeira parte perfeitamente elástica (para obter o limite elástico mínimo) e uma segunda parte perfeitamente plástica (para obter a tensão de cedência). A Figura 16 apresenta a gama de tensões de cedência de acordo com a carta.

Elemento (wt%)	C	Cr	NiMoMnSi			
K 55	0.36	0.07			1.35	0.27
L 80	0.23-0.27	<0.02	<0.02	<0.01	0.93-1.34	0.22-0.27
Elemento(wt%)	P	S	Ti	Nb	Cu	V	Al
K 55	0.014	0.004	0.001	<0.005	0.01	0.001	0.028
L 80	0.01-0.015	0.003	0.001-0.01	<0.005	<0.02	<0.048	0.044-0.048

Quadro 1: Composição química de certos aços HSLA

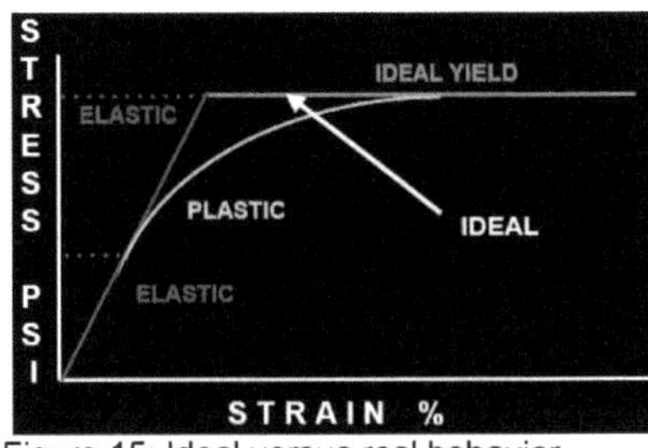

Figure 15: Ideal versus real behavior

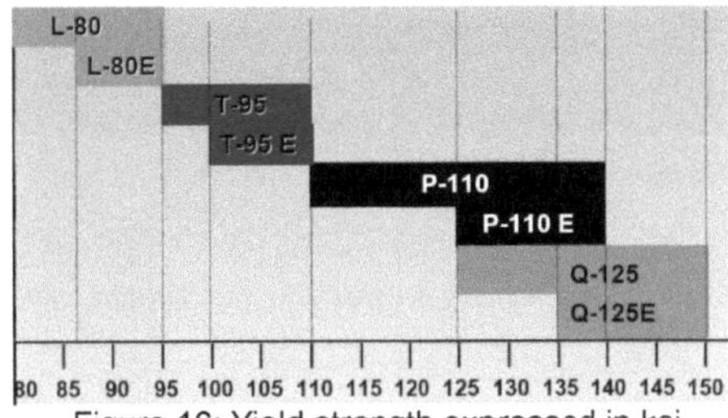

Figure 16: Yield strength expressed in ksi

No que diz respeito aos estados de tensão no interior da ligação, os estudos foram conduzidos graças ao Método dos Elementos Finitos (MEF), e está agora bem identificado que as falhas nos conectores ocorrem ao nível das raízes das roscas [24], especialmente nas roscas do pino e da caixa. A figura 18 mostra a localização das primeiras falhas das roscas e a figura 19 é uma análise do MEF da tensão local máxima na primeira raiz da rosca do conetor de caixa para uma coluna de perfuração pré-carregada sob flexão. Mesmo que o material da tubagem cumpra as normas API, podem ocorrer falhas nas roscas. Foram propostos factores que contribuem para a falha das roscas:

• Em primeiro lugar, durante a realização da ligação, as roscas são sujeitas a tensão térmica devido ao atrito e a deformações plásticas graves devido ao rápido aumento da tensão axial e da tensão de aro, resultando no enfraquecimento das roscas;

• Segundo, durante o funcionamento e a produção, as ligações são submetidas a vibrações associadas à flexão, compressão e tensão, que são transmitidas às roscas (figura 17).

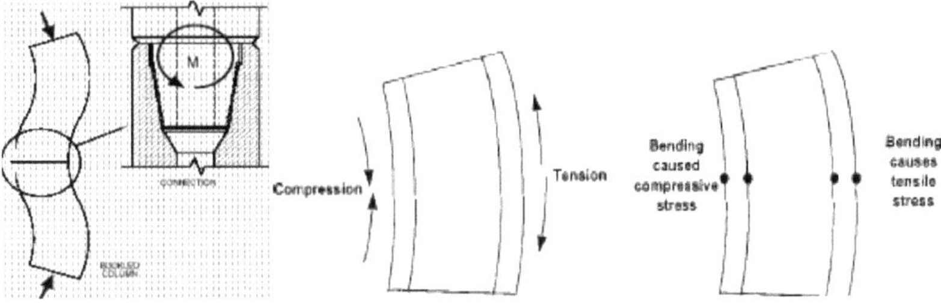

Figura 17: Cargas aplicadas na ligação

As principais medidas para reduzir o risco de falha dos conectores são [25]:

• redução do atrito através da utilização de dopantes ou de tratamentos de superfície como a fosfatação;

• diminuir a concentração local de tensões na raiz das roscas através da melhoria da conceção;

• melhorando a rigidez das roscas.

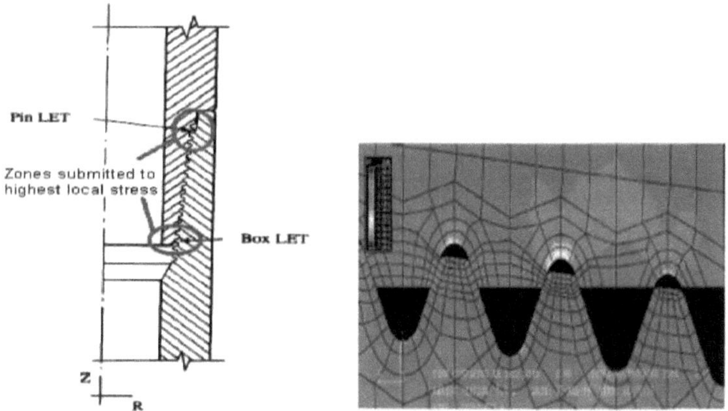

Figura 18: Localização da tensão local máxima Figura 19: MEF para a primeira rosca do conetor em caixa

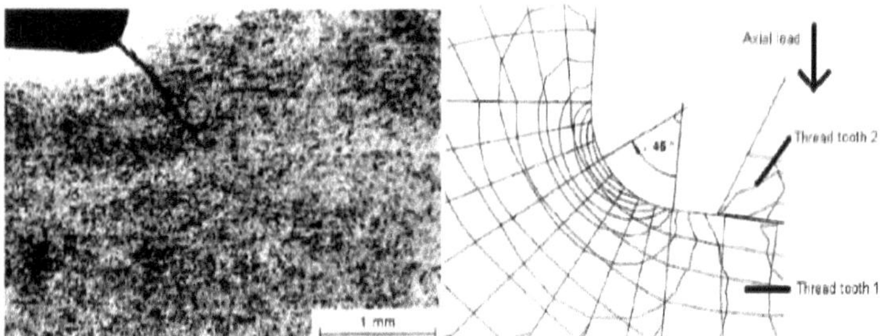

Figura 20: Macrografia de uma fenda na raiz de um fio Figura 21: Contornos da tensão principal máxima

A análise de fadiga indicou que a morfologia das fissuras se caracterizava por uma orientação de 45° em relação ao flanco da rosca e se tornava mais transversal ao eixo da corda após alguns raios da raiz da rosca, correspondendo a uma flexão do dente para uma fissura pequena. A tensão do corpo é então dominante a uma maior profundidade da fenda. Esta afirmação foi confirmada pela análise do MEF (figura 21), mostrando que o local de tensão máxima é ao longo do raio da raiz da rosca, sendo a tensão de tração máxima localizada no limite sem carga. A partir destas conclusões retiradas da perfuração convencional, pode ser feita uma comparação com as ligações de revestimento utilizadas na "perfuração com revestimento".

As Figuras 22 e 23 mostram a ocorrência de falhas na última rosca engatada do pino para as ligações utilizadas em "Perfuração com revestimento". A análise FEM confirmou que a concentração de tensões continua a ser maior nas últimas roscas engatadas. A principal diferença em relação às ligações da coluna de perfuração é que as classificações de compressão das ligações do revestimento são muitas vezes significativamente inferiores à capacidade de compressão do corpo do tubo de revestimento: esta é a forma da rosca que será o elemento principal para as caraterísticas de compressão [28,29]. Além disso, algumas ligações podem apresentar um binário elevado, o que não significa que a ligação seja resistente à fadiga e, por vezes, quanto maior for o binário, menor será a resistência à fadiga [5]. A adição de ombros de binário ou de um anel de carga reduzirá a carga aplicada nas roscas durante a fase de compressão da ligação, no entanto, as ligações de revestimento continuam a ser mais fracas do que as ligações da coluna de perfuração no que respeita a falhas por fadiga.

Figure 22: Typical field pin fatigue failure

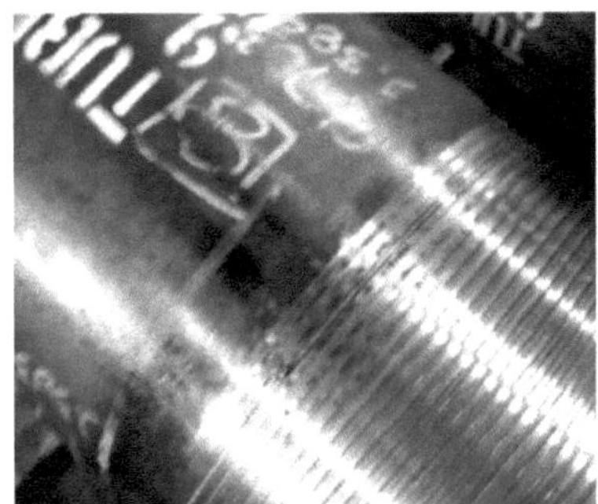
Figure 23:Typical lab test pin fatigue failure

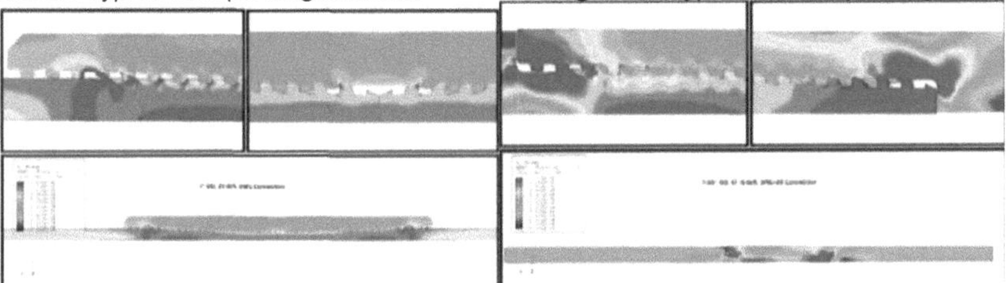
Figura 24: Análise do MEF para dois tipos de ligações do prémio de revestimento

2.2.2 Soluções potenciais

2.2.2.1 Parâmetros de perfuração

As vibrações e a encurvadura foram identificadas como os dois principais factores que contribuem para a falha por fadiga. Uma vez que as vibrações são geradas pela broca de perfuração, uma solução consiste em utilizar uma broca de tricone em vez de uma broca PDC (figura 25), mas as PDC são de facto mais resistentes do que as brocas de tricone e um poço inteiro pode ser perfurado com apenas uma broca PDC, o que não acontece com as brocas de tricone. Outro método consiste em desenvolver brocas PDC com coeficientes de atrito mais baixos. No que diz respeito à redução da encurvadura, a utilização de centralizadores [15] (ver figura 27) e de colares de perfuração, que são peças tubulares de paredes espessas maquinadas a partir de barras de aço sólidas [18], parece resolver parcialmente este problema, mas o desenvolvimento de melhores centralizadores continua a ser necessário e os colares de perfuração para "Drilling with Casing" não estão generalizados.

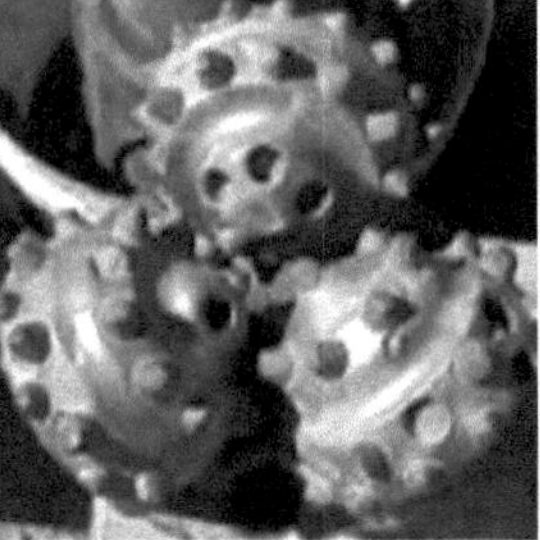

Figura 25: Broca de perfuração PDCFigura 26: Broca de perfuração TriconeFigura 27: Centralizador

2.2.2.2 Selecção do material do invólucro e da geometria dos conectores

Três factores podem ser considerados para se obter uma ligação mais resistente à fadiga [13,26,27].

Em primeiro lugar, é necessário ter em conta a qualidade do aço: os estudos mostraram que os aços de baixa liga são mais resistentes às falhas por fadiga do que o aço-carbono. Além disso, quanto maior for o grau do aço, mais resistente à fadiga é o invólucro (ver curvas de fadiga na figura 28).

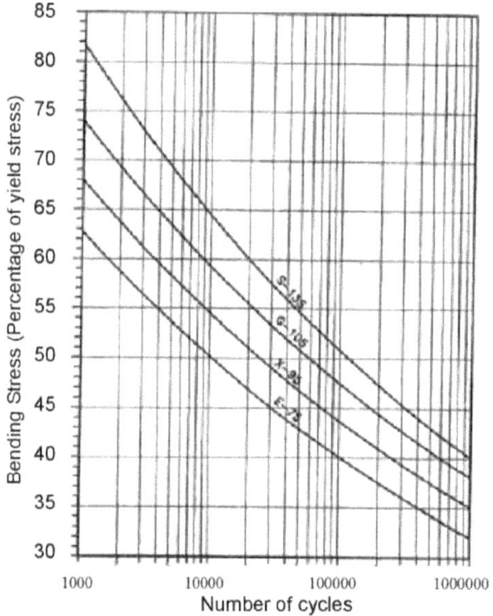

Figura 28: Curvas de fadiga para diferentes tipos de aço

O segundo fator a ter em conta é a geometria da rosca. De facto, a raiz da rosca é um elevador de tensões cuja ação aumenta com um raio de raiz mais pequeno (ver figura 29). A orientação da rosca também é importante: um ângulo de flanco negativo será de facto muito sensível à fadiga, uma vez que se comporta como um entalhe de grande raio. É por esta razão que as ligações de rosca em gancho não são robustas à fadiga, enquanto que as roscas de contraforte não têm um ângulo tão negativo. Graças à análise FEM, as ligações premium foram desenvolvidas através da melhoria do design da rosca API e são, portanto, mais resistentes à fadiga, graças às caraterísticas de alívio de tensão. De acordo com a experiência de campo da Lobo, as roscas sem tensão não transmitem eficientemente o torque e são áreas de alta concentração de tensão. Uma solução seria a utilização de uma ligação com junta de descarga integral [5] (ver figura 30).

Figura 29: Alterações no raio da raiz da rosca

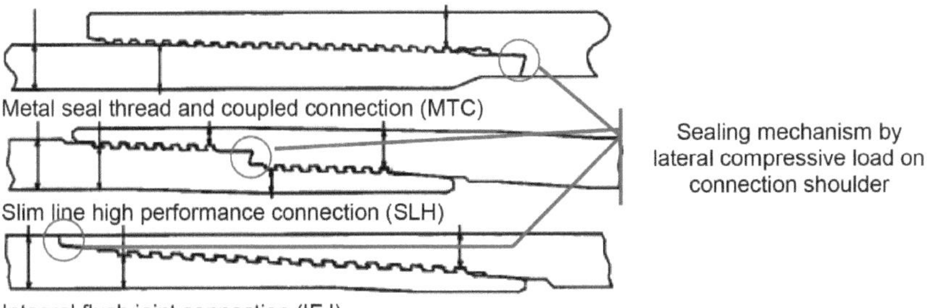

Figura 30: Diferentes tipos de ligações premium

O terceiro fator é a introdução de uma tensão de compressão na raiz da rosca, essencialmente graças ao trabalho a frio. Os efeitos fenomenológicos serão explicados mais adiante neste relatório.

A melhoria da resistência à fadiga das ligações pode ser explicada da seguinte forma:

- cerca de 15% graças ao trabalho a frio;

- de 15% a 60% através de caraterísticas de alívio do stress;

- o material S-135 tem uma vida à fadiga prevista (em ciclos) de cerca de 2,25 vezes a vida à fadiga do material P-110, mas sem considerar o enorme impacto nos custos...

3 Efeitos dos tratamentos de superfície na resistência à fadiga das roscas de ligação do invólucro

3.1 Iniciação de fissuras e propriedades dos materiais

A rotura por fadiga ocorre em elementos sujeitos a cargas variáveis com valores significativamente inferiores aos que causariam a rotura em condições estáticas. Em primeiro lugar, sob tensões cíclicas, a acomodação é o modo predominante. Em seguida, a iniciação, aproximadamente mais de 80% da duração da vida, é o passo seguinte, quando as fissuras microscópicas aparecem perto das descontinuidades da superfície e crescem através de vários grãos controlados principalmente por tensões de cisalhamento. Uma das fissuras microscópicas irá crescer, sendo controlada e perpendicular à tensão de tração máxima, e a sua propagação conduz rapidamente à falha por fratura frágil ou deformação plástica grosseira. As áreas de elevada concentração de tensões, como as ligações roscadas, tendem a acelerar o início da fissura. A vida à fadiga é a duração NI da iniciação da fenda à fadiga mais a duração Np da propagação da fenda à fadiga. A figura 31 resume o processo de rotura por fadiga e a figura 31 é a curva correspondente à amplitude da tensão/número de ciclos (curva S-N).

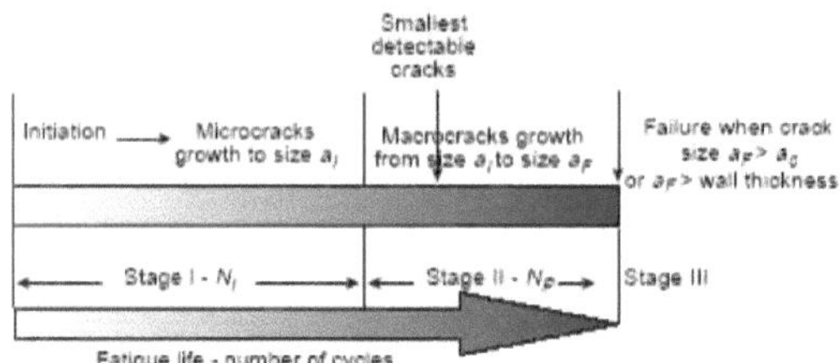

Figura 31: Duração da vida à fadiga (ac é o comprimento crítico da fenda, que conduz à rotura)

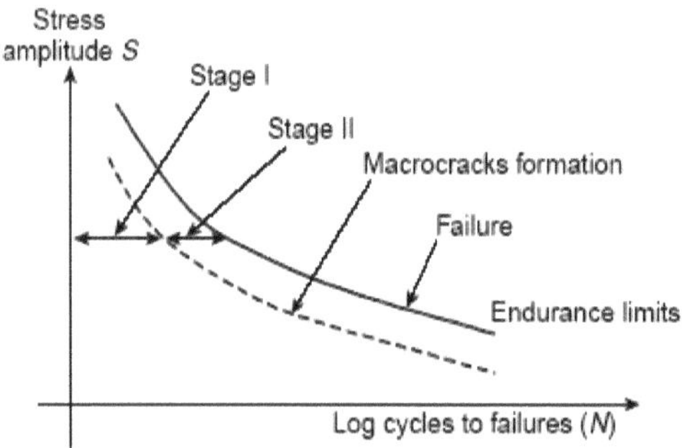

Figura 32: Estimativa da vida à fadiga pela curva S-N

Estudos anteriores provaram que, uma vez iniciada uma fenda de fadiga, a vida à fadiga restante é muito pequena em comparação com a fase de iniciação da fenda e não varia significativamente para uma variedade de aços [23,30]. Uma vez que a resistência do aço ao início da fadiga é proporcional à sua tensão de cedência, o aumento da vida à fadiga pode ser melhorado através da seleção do material.

No caso das ligações, as fissuras aparecerão em zonas de elevada concentração de tensões, sob a forma de entalhes. Muitas vezes, o processo de roscagem pode ser responsável por fornecer a fonte de nucleação de fissuras. Por exemplo, uma superfície maquinada que pareça lisa à vista pode, de facto, mostrar sulcos de maquinação a ampliações bastante baixas e é a partir desse defeito de superfície que as fendas de fadiga podem crescer. Além disso, a raiz da rosca comporta-se como um elevador de tensões, ao passo que a rosca por si só se comporta como um cantilever (figura 33), levando ao início de uma fenda de modo I (figura 34). Foi provado que a fenda do modo I tem a carga limite mais baixa de todos os modos possíveis [30]. É por esta razão que a carga de torção não é tão prejudicial para a resistência à fadiga como a carga axial.

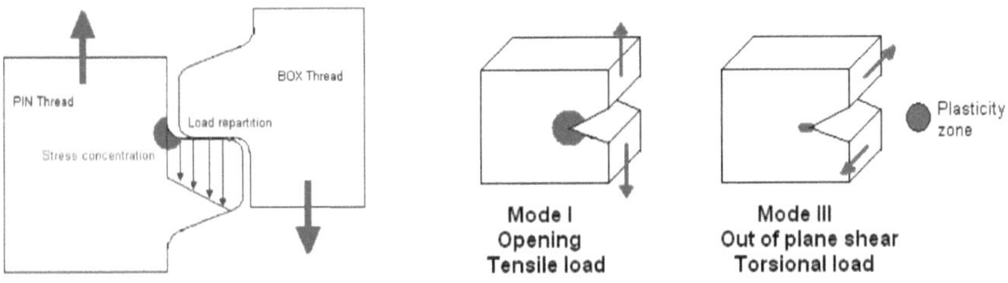

Figure 33: Cantilever effect of threads   Figure 34: Crack mode

Como os aços são materiais dúcteis, a ponta da fenda sofrerá uma deformação plástica porque a pequena curvatura na raiz do entalhe concentra as tensões neste ponto, enquanto todo o material ainda está em estado elástico. A tensão local é caracterizada pela fórmula em coordenadas polares:

$$\sigma_{i,j}\left(r,\theta\right) = \frac{K_I}{\sqrt{2\pi r}}\, f_{i,j}\left(\theta\right) \tag{1}$$

K_I é o fator de intensidade de tensão para o modo I (também função da tensão aplicada e da geometria da fenda) e $f_{i,j}\left(\theta\right)$ um termo de correção. A Figura 35 apresenta o estado de tensão na ponta da fenda, mostrando assim a concentração de tensões.

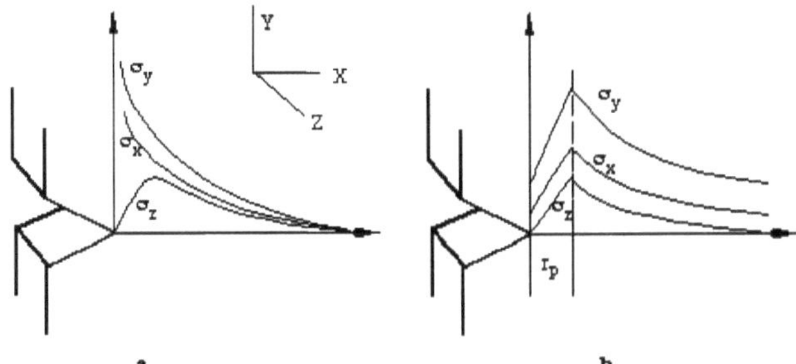

Figura 35: Estado de tensão do modo I em frente a uma ponta de fenda

a) segundo a teoria da elasticidade b) com zona plástica

Depois de termos visto o mecanismo de iniciação e propagação de fissuras, vamos considerar a equação da taxa de propagação de fissuras por fadiga [30]:

$$\frac{dl}{dN} = \left(\frac{C}{Y^2 F^\alpha E^{\alpha(1-n)}}\right)\left(K_{\max}\right)^2 \left(K_a\right)^{\alpha(2-n)} \tag{2}$$

em que C é uma constante, E módulo de Young, F, coeficiente plástico, Y, tensão de cedência, $K_{\max}$ e K_a, máximo e amplitude do fator de intensidade de tensão e α e n, expoentes da lei de Manson-Coffin e do endurecimento por trabalho. De acordo com o que foi dito anteriormente, a seleção de aços de grau superior, o que significa um módulo de elasticidade mais elevado e uma tensão de cedência mais elevada, seria uma solução para reduzir a falha por fadiga, mas essa escolha é dispendiosa.

A ideia desta investigação é, de facto, amplamente utilizada na indústria automóvel:

O reforço da superfície do material através da alteração da composição físico-química da camada superficial aumentará o limite de fadiga.

Além disso, um macrostress de compressão da superfície impedirá o início e a propagação de fissuras por fadiga. Ambos os efeitos benéficos podem ser obtidos através do endurecimento por cementação. A influência benéfica na resistência à fadiga do macrostresse superficial residual compressivo (por trabalho a frio) é frequentemente enfatizada e o papel do microstresse residual negligenciado. [31]

A próxima parte apresentará os diferentes mecanismos envolvidos nos tratamentos de superfície, levando a uma escolha mais adequada do tratamento de superfície.

3.2 Mecanismos de reforço envolvidos no tratamento de superfície

3.2.1 Natureza do reforço

Todos os materiais contêm deslocações e a sua deformação deve-se tanto ao movimento das deslocações existentes como à criação de muitas deslocações adicionais. A rotura ocorre quando os deslocamentos se deslocam em grandes distâncias e estão todos ligados ao longo do material. Assim, as propriedades mecânicas do aço são determinadas pela tensão necessária para criar e mover as deslocações. O reforço consiste em encontrar formas de evitar que as deslocações se movam. Por conseguinte, são necessárias alterações nas estruturas metálicas para efetuar o reforço. Os métodos de reforço metalúrgico são agora descritos, e a sua aplicabilidade para melhorias locais do aço será discutida.

3.2.2 Endurecimento do trabalho

O endurecimento por trabalho consiste em criar deslocações por deformação plástica sob temperatura de recristalização. Este trabalho a frio é efectuado à temperatura ambiente (várias centenas de graus abaixo da temperatura de recristalização) e consiste na criação de concentrações excessivas de deslocações: uma rede complexa de deslocações torna os movimentos de deslocações posteriores extremamente difíceis devido à interferência mútua, limitando o deslizamento fácil na rede cristalina e reforçando desta forma o aço. Mas a ductilidade e a resistência ao impacto do material são reduzidas, e estes aços não podem ser soldados sem amolecimento (recozimento). Para as colunas de perfuração feitas de aços HSLA, este método é utilizado para melhorar a resistência da raiz da rosca (figura 36). Além disso, a tensão de compressão residual da superfície actuará para reduzir a concentração de tensão de tração durante a utilização. No entanto, este processo é mecânico e não melhora as propriedades intrínsecas do material.

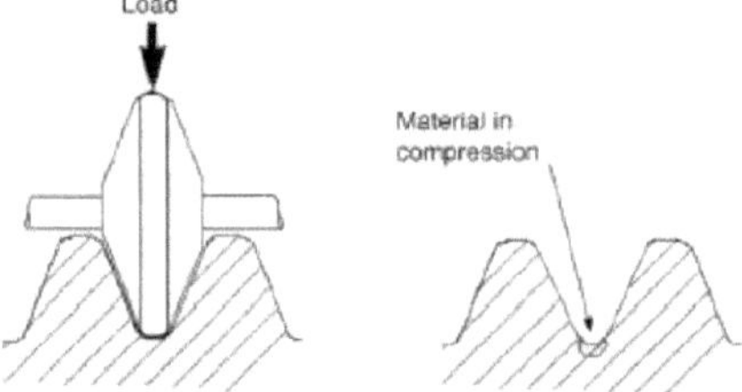

Figura 36: Laminação a frio na raiz da rosca para introduzir tensão de compressão superficial para a coluna de perfuração

3.2.3 Refinamento de grãos

A dimensão dos grãos nos aços é um fator que influencia a resistência. Com grãos grandes, as deslocações podem mover-se mais facilmente porque o caminho livre para o deslizamento contínuo não é impedido pelos limites dos grãos. Pelo contrário, a redução do tamanho do grão é eficaz na redução do comprimento do caminho para um deslizamento fácil. A Figura 37 mostra esquematicamente a diferença entre o aço de grão grande e o de grão pequeno no que respeita ao comprimento do percurso.

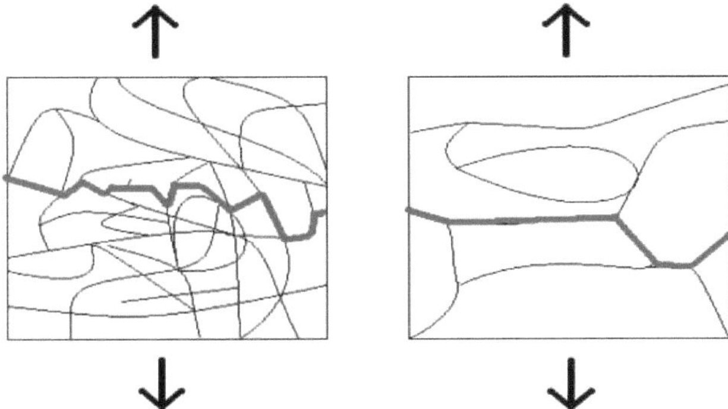

Figura 37: Aço de grão pequeno e aço de grão grande, a vermelho o caminho de deslizamento mais fácil.

O refinamento de grão dos aços é obtido a partir da austenite, que é a fase do aço a altas temperaturas antes da liquefação. A austenite deve ser arrefecida rapidamente ou submetida a esforços mecânicos, como a laminagem, para evitar que os grãos de austenite distorcidos tenham tempo suficiente para recristalizar a baixa temperatura antes da transformação de fase em ferrite: os grãos de ferrite resultantes são relativamente finos.

A metalurgia dos aços HSLA assenta neste conceito, baseado em processos termomecânicos para obter grãos finos. Este mecanismo de reforço é o único que pode melhorar tanto a resistência como a resistência ao impacto (que estão normalmente em competição).

3.2.4 Reforço sólido-solução

O reforço da solução sólida é proporcionado por elementos de substituição ou intersticiais, a quantidade de endurecimento é aproximadamente proporcional à concentração do elemento soluto e o endurecimento total é aproximadamente a soma dos efeitos caraterísticos de cada elemento considerado isoladamente. A título de exemplo, o manganês, o crómio e o níquel são elementos de substituição no aço, enquanto o carbono e o azoto são elementos intersticiais. O efeito destes elementos é o de criar deformações ao nível da rede (ver figura 38) e, consequentemente, bloquear as deslocações. O carbono e o azoto têm um efeito de reforço profundo no ferro. No caso de pequenas quantidades de carbono nos aços HSLA, este está essencialmente presente em solução sólida. No entanto, o reforço da solução sólida é bastante prejudicial para a resistência ao impacto, especialmente para quantidades muito pequenas de azoto.

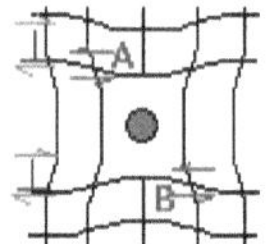

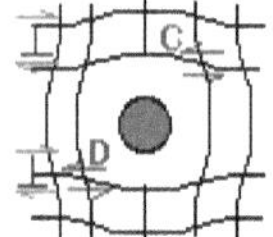

Figura 38: Efeito das impurezas na deformação da rede e no movimento de deslocação

3.2.5 Reacções em estado sólido

Para certas composições de ligas determinadas, podem ocorrer reacções no estado sólido para reforço. Tais sistemas, após a reação, apresentam aumentos de dureza e resistência muito superiores aos níveis obtidos para o reforço em solução sólida e não necessitam de trabalho a frio. Entre as reacções no estado sólido, duas são capazes de produzir um valioso aumento de resistência:

* decomposição eutectóide;

* precipitação a partir de solução sólida.

Algumas reacções no estado sólido produzem um reforço apreciável através da formação de uma estrutura fora do equilíbrio: o exemplo mais relevante é a martensite.

3.2.5.1 Decomposição de eutectoides

Após terem sido submetidos à austenitização (aquecimento do aço até à fase austenite, que corresponde ao estado do aço acima dos 800 °C e abaixo da liquefação), os aços podem sofrer uma decomposição eutectóide graças ao sistema ferro-carbono, através de tratamentos térmicos (têmpera e revenido). A dureza dependerá também da concentração de carbono e da velocidade de arrefecimento. De facto, a taxa de arrefecimento determinará a concentração de componentes endurecedores como a martensite e a bainite no interior do material, que são estruturas fora de equilíbrio com elevada resistência e dureza. A Figura 39 apresenta os diferentes produtos da decomposição eutectoide: a perlite é a fase de equilíbrio do aço à temperatura ambiente, enquanto a martensite e a bainite são várias formas de estruturas não equilibradas. As imagens da martensite mostram uma rede muito complexa de agulhas finas, que proporcionam a maior dureza e resistência. A bainite, também uma fase de não-equilíbrio, tem propriedades mecânicas inferiores às da martensite, mas é também mais resistente ao impacto. A perlita tem também propriedades mecânicas mais fracas do que a bainita, mas é a fase de equilíbrio da austenita à temperatura ambiente. A Figura 40 é um diagrama CCT (transformação por arrefecimento contínuo) e fornece a composição estrutural de acordo com o método de arrefecimento.

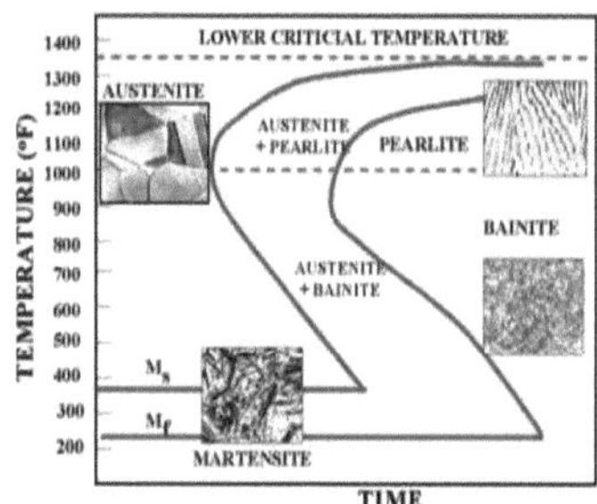

Figura 39: Diferentes fases do aço

22

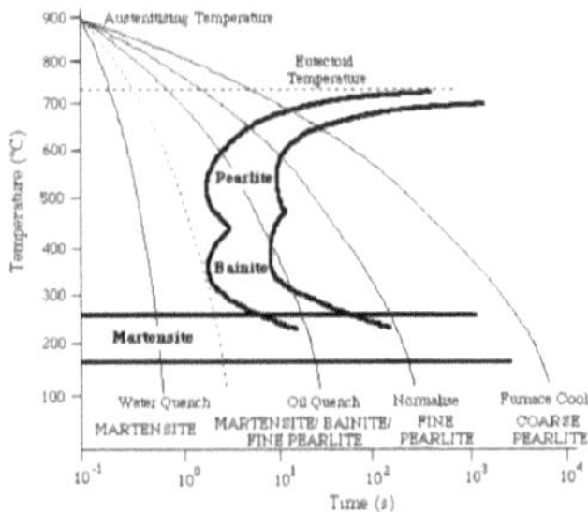

Figura 40: Diagrama CCT para o aço

3.2.5.2 Reforço da precipitação

Outro tipo de reforço do aço é efectuado quando está presente uma segunda fase. Embora uma deslocação possa passar através de um conjunto de átomos de soluto isolados em solução sólida, não o pode fazer no caso de partículas de segunda fase. Em vez disso, a deslocação tem de ser forçada entre partículas adjacentes, deixando um laço de deslocação à volta de cada partícula. A tensão necessária para fazer isso aumenta à medida que o espaçamento entre as partículas é reduzido. Assim, o aumento da tensão de cedência está associado à presença de uma segunda fase dispersa no material. O aumento do limite de elasticidade através do reforço por precipitação depende principalmente da resistência, estrutura, espaçamento, tamanho, forma e distribuição das partículas precipitadas, do grau de desajuste ou coerência entre as partículas e a matriz metálica e da orientação das partículas. Este é um dos principais mecanismos de reforço dos aços HSLA. Neste mecanismo, o efeito de reforço é devido à presença de carbonetos, nitretos e carbonitretos (figuras 41 e 42).

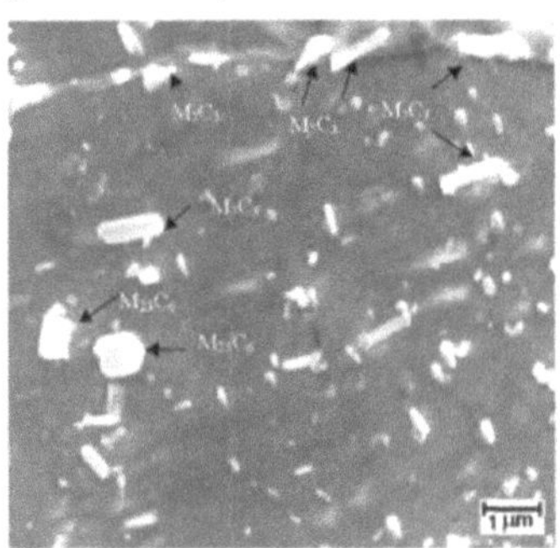

Figure 41: Formation of carbides

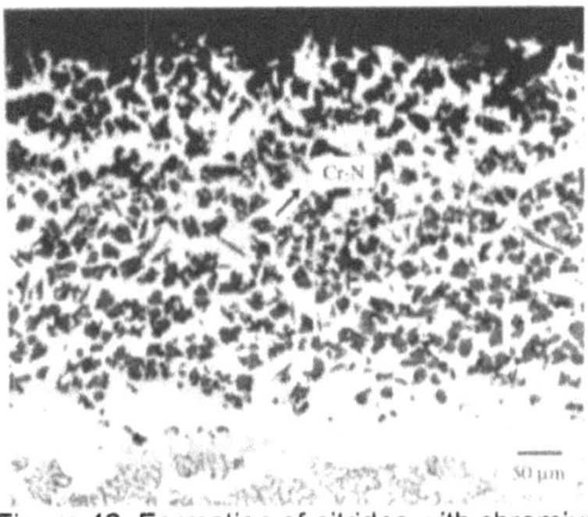

Figure 42: Formation of nitrides with chromium

Agora serão apresentados métodos práticos para reforçar o aço em áreas locais, e são baseados tanto em reacções de estado sólido como em reforço de soluções sólidas.

3.3 Efeitos dos tratamentos termoquímicos de superfície

3.3.1 Mecanismos de reforço termoquímico

Os tratamentos de superfície dividem-se em duas partes. A primeira parte consiste em pôr em contacto o componente de reforço com a superfície do aço e deixá-lo difundir-se na área superficial. Este processo é termo-ativado, o que significa que o aumento da temperatura é necessário para desencadear e acelerar a difusão do componente de reforço. A segunda parte são as reacções que ocorrem no interior do aço, como reacções de estado sólido ou dissolução de componentes na matriz. Os métodos para pôr em contacto a superfície do aço com o reagente baseiam-se principalmente no método gasoso ou líquido.

O reforço de algumas peças mecânicas de motores ou ferramentas é efectuado desde há muito tempo através de tratamentos de superfície. Os mais difundidos são a cementação e a nitruração, e permitem melhorar consideravelmente a dureza e a resistência da superfície, mantendo um núcleo duro. Os processos e mecanismos serão agora apresentados.

3.3.2 Carburação: [35], [36]

O diagrama de equilíbrio carbono-ferro encontra-se na figura 43. Este diagrama mostra os diferentes componentes de equilíbrio existentes para o aço a diferentes temperaturas.

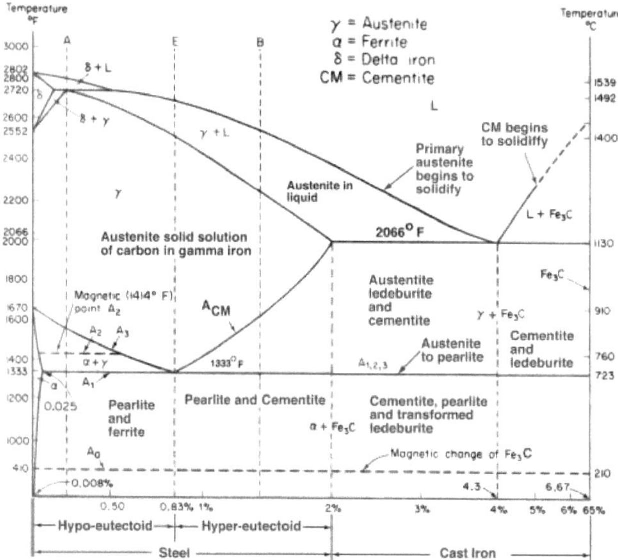

Figura 43: Diagrama de fases de equilíbrio ferro-carbono

A cementação é um processo no qual o aço austenitizado é colocado em contacto com um ambiente com potencial de carbono suficiente para provocar a absorção de carbono à superfície e criar um gradiente de concentração de carbono entre a superfície e o interior do aço. Isto envolve a transferência de átomos de carbono na interface do aço para a rede de austenite. Este processo é realizado a alta temperatura, geralmente na faixa de 850 a 950C, e pode ser feito através de cementação gasosa (atmosfera de cementação constituída por hidrocarbonetos ou monóxido de carbono), cementação líquida (banho de sais de cianetos fundidos) e cementação em pacote (semelhante à cementação gasosa, exceto que o monóxido de carbono é fornecido por carvão vegetal).

No caso de arrefecimento lento, a microestrutura da camada cementada é constituída por perlite, ferrite e carbonetos de ferro. Uma primeira afirmação é que quanto mais carbono o aço contém, mais perlita é formada até um teor de 0,8% C. Para 0,8% C, a microestrutura será toda perlita, e para uma concentração maior, Fe3C (carboneto) é formado ao longo dos limites de grão da austenita durante o resfriamento.

No caso da têmpera a partir da temperatura de cementação, a taxa de arrefecimento e a temperabilidade (capacidade de ser reforçado pela têmpera, função da concentração de carbono) determinarão a microestrutura. Uma vez que a taxa de arrefecimento é mais rápida e a concentração de carbono é maior à superfície, esta zona pode conter a maior parte da martensite. No entanto, deve ter-se em atenção a diminuição da temperatura de transformação martensítica de acabamento (Mf) com o aumento da concentração de carbono, e acima de 0,7% C, a austenite retida estará presente à temperatura ambiente após a têmpera. Note-se que a presença de austenite

24

retida fará com que a dureza seja inferior à esperada, mas também pode ser transformada em martensite levando este aço a temperaturas mais baixas.

Verifica-se que a cementação reforça os aços através de uma solução sólida de carbono no caso dos aços cementados não revenidos, com a participação de carbonetos se a concentração de carbono for superior a 0,8%. No caso dos aços revenidos, o reforço provém da decomposição eutectóide que leva à formação de martensite à superfície, criando assim uma zona de tensões residuais de compressão elevada (a transformação martensítica é feita com redução de volume). No entanto, a formação de martensite com elevada concentração de carbono é acompanhada pela formação de microfissuras e é muitas vezes vantajoso reoxigenar um aço cementado para alterar o gradiente de carbono tornando-o mais suave (tratamento de difusão) e reduzir um pouco a concentração de tensões.

Os efeitos da cementação nos aços são muito interessantes por duas razões:

• a resistência à fadiga aumenta com a resistência à tração, pelo que a superfície de martensite mais dura resiste à abrasão, reduzindo desta forma o número de locais de início de fendas por fadiga;

• as tensões residuais compressivas na superfície aumentam a resistência à fadiga, uma vez que as fissuras de fadiga se iniciam e crescem devido à tensão de tração.

Estes fenómenos são sinergéticos e ambos beneficiam a resistência à fadiga do aço. O efeito da austenite residual não é prejudicial para a resistência da superfície porque reduz a tensão residual de compressão na superfície. Além disso, a presença de austenite retida melhora as propriedades de resistência à fadiga porque a fadiga irá criar a formação de martensite induzida por tensão a partir da austenite. Para terminar com a cementação, a têmpera múltipla também melhora a resistência à fadiga, produzindo uma microestrutura mais fina com menos microfissuras.

3.3.3 Nitretação: [35], [36]

A nitruração é um importante processo de reforço do método através da alteração da composição química da superfície do metal. Uma vez que o azoto é um átomo relativamente pequeno, dissolve-se nos locais intersticiais (com maior solubilidade na austenite do que na ferrite) e forma também nitretos com o ferro. A diferença em relação à cementação é que o azoto entra na ferrite e que o processo não envolve o aquecimento no campo da fase austenite. Como resultado, proporciona um excelente controlo dimensional. No entanto, o tratamento térmico é possível posteriormente e a têmpera a partir da gama de austenite produzirá uma martensite dura.

O azoto pode ser adicionado à superfície através de um ambiente adequado contendo azoto a 500-570 C, como o amoníaco para a nitruração gasosa, sais fundidos para a nitruração líquida ou, ainda melhor, implantação iónica por maçarico de plama. A nitruração é interessante porque as propriedades de desgaste e antigripagem dos aços são melhoradas, a resistência à corrosão e a vida à fadiga são também aumentadas e, além disso, a superfície é mais resistente ao efeito de amolecimento do calor a temperaturas até à temperatura de nitruração.

Os elementos de liga utilizados nos aços são benéficos na nitruração, porque todos eles formam nitretos, especialmente o alumínio, que é o formador de nitretos mais forte, e o crómio em maior concentração. Infelizmente, os aços HSLA não são adequados para a nitruração porque as concentrações de elementos de liga são demasiado pequenas e o aumento da dureza na zona de difusão é demasiado pequeno.

3.3.4 Carbonitretação: [35], [36]

A carbonitretação é uma forma modificada de cementação com gás e não uma forma de nitretação efectuada abaixo de $870C$. A modificação consiste em introduzir amoníaco (CH_3) no gás de cementação para adicionar azoto à caixa cementada; o azoto difunde-se no aço simultaneamente com o carbono. A carbonitretação também pode ser efectuada com resultados semelhantes através da cianetação. Normalmente, a carbonitretação é efectuada a uma temperatura mais baixa e durante um tempo mais curto do que a cementação, produzindo assim uma caixa mais rasa do que o habitual na cementação. As caixas carbonitretadas são interessantes porque têm uma melhor temperabilidade do que as caixas cementadas, não só porque o azoto aumenta a temperabilidade dos aços, mas também porque é um estabilizador da austenite (permite aumentar a taxa de arrefecimento, mas lembre-se que a austenite retida também é boa para a fadiga). Além disso, a carbonitretação só afecta as camadas superiores do aço, as alterações dimensionais são muito pequenas. Consequentemente, a dureza total com menos distorção pode ser alcançada com a têmpera em óleo.

A carbonitretação resulta numa maior resistência ao amolecimento durante a têmpera e num aumento da resistência à fadiga. A única restrição é uma profundidade de caixa de 0,75 mm, porque uma temperatura mais baixa reduz a difusão das espécies e a adição de azoto é mais difícil de controlar: um excesso de azoto provoca um elevado nível de austenite retida e porosidade, ambos prejudiciais para uma elevada dureza.

Um processo existente consiste em cementar primeiro a cerca de 900-950°C, depois carbonitrificar e, por fim, temperar em óleo. O resultado é um caso mais duro do que se o elemento fosse apenas cementado, e a adição da camada carbonitretada aumenta as tensões residuais de compressão.

4 Instalação experimental

4.1 Objetivo da investigação

A fadiga nas ligações não é um problema recente, as soluções baseadas em:

* alterações de conceção, especialmente as ranhuras de tensão;

* laminagem a frio para as ligações entre as colunas de perfuração para induzir tensões residuais de compressão;

* grão mais fino com um grau de aço mais elevado;

* redução da escoriação por revestimentos à base de galvanização (cobre ou estanho) ou revestimento (MoS2, polímeros, fosfatação)...

foram todos aplicados com maior ou menor sucesso. No entanto, até à data, não foram estudados na indústria do petróleo e do gás quaisquer tratamentos químicos de superfície que possam, simultaneamente, produzir uma camada de maior resistência, com tensão de compressão residual e um coeficiente de atrito mais baixo na raiz da rosca. Este processo já é amplamente utilizado nas engrenagens de automóveis, onde a fadiga também é uma questão importante.

O objetivo desta investigação é elaborar um teste simples e rápido para comparar a influência de diferentes tratamentos termoquímicos de superfície numa amostra de rosca de contraforte. Deste modo, de entre um grupo de diferentes tratamentos de superfície, será selecionado um e serão traçadas curvas de fadiga entre as amostras não tratadas e as amostras tratadas selecionadas, de modo a quantificar a melhoria.

4.2 Conceção da experiência

4.2.1 Seleção do parâmetro mais adequado

Um primeiro parâmetro, baseado nas curvas de fadiga da ligação, pode ser considerado. Infelizmente, esta informação sobre o desempenho à fadiga não existe devido ao seu elevado custo e tempo [23]. De facto, as recomendações das diretrizes API RP7 para os ensaios de fadiga baseiam-se numa máquina de fadiga por flexão ressonante (figura 44), que permite estimar a vida à fadiga da ligação. Consiste em determinar o número de ciclos que podem ser aplicados com segurança à corda a partir de uma curva S-N.

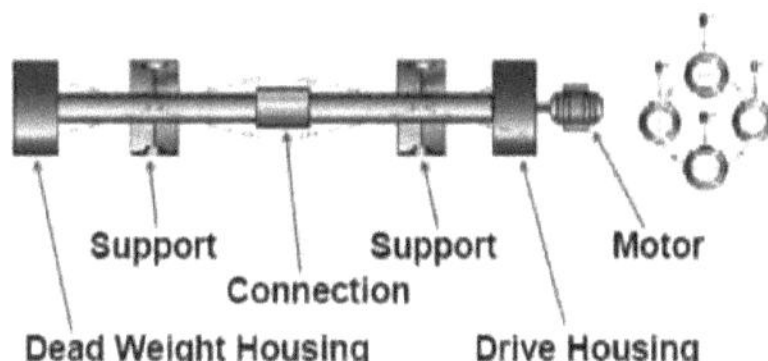

Figura 44: Esquema e fotografia da máquina de fadiga por flexão ressonante

A tensão de flexão cíclica é calculada da seguinte forma:

$$\sigma_b = \pm 211\,\Theta D / E_t \tag{3}$$

onde:

σb = tensão criada pela flexão, em psi

θ = ângulo de construção, em /100 pés

D = diâmetro externo do corpo do tubo, em polegadas

Et = eficiência de tensão da ligação, em forma decimal

É aplicado um fator de segurança a este valor de tensão de flexão, normalmente 1,5, e o produto é convertido numa percentagem da tensão de cedência do corpo do tubo

Um segundo parâmetro que poderia ser considerado é um fator de intensidade de tensão limite do aço, abaixo do qual as fissuras não se propagam. A questão é que esse parâmetro é uma função primária da razão de tensões e é independente da composição química do material.

Um terceiro parâmetro que também pode ser utilizado é o ensaio Charpy. Este ensaio é atualmente exigido para a certificação API porque representa a resistência do material à propagação de fissuras [13]. A questão é que o ensaio Charpy diz respeito à capacidade do material de resistir à propagação de fissuras, e tal fenómeno está relacionado com o comportamento plástico do material [39].

Considerando o facto de que a iniciação de fissuras representa mais de 80 % da vida à fadiga de um componente, e sabendo que a taxa de propagação de fissuras é quase a mesma para os diferentes aços utilizados na indústria do petróleo e do gás [23], parece que o parâmetro mais adequado é a utilização de curvas de fadiga. Os ensaios à escala real com a máquina de flexão ressonante representam da melhor forma as condições de utilização da ligação durante o serviço, mas os custos associados são bastante elevados. Os ensaios de fadiga por flexão simples e rotativa, os ensaios de fadiga por tração axial, não podem todos fornecer uma base de dados explorável: a falta de requisitos para os ensaios de fadiga nas especificações existentes causa uma dispersão significativa dos resultados. Além disso, as geometrias normalizadas das amostras não têm em conta os factores de aumento de tensão que são as roscas, apenas se espera que a composição química do material influencie os resultados. É necessário imaginar uma experiência de fadiga que tenha em conta a forma da rosca, as condições de carga e a composição química do material para a iniciação da fenda. Os dados que serão utilizados são a curva S-N, as formas das amostras e a configuração experimental terão de ser desenvolvidas conforme descrito no próximo capítulo.

4.2.2 Escolha dos tratamentos termoquímicos de superfície

Os aços HSLA contêm poucas quantidades de alumínio e crómio (formadores de nitretos mais fortes), pelo que o efeito da nitretação será muito reduzido e o estudo da nitretação não será efectuado em amostras.

A cementação é, pelo contrário, independente da composição química do aço, e a austenização do aço cementado seguida de têmpera leva à formação de martensite. As amostras com um teor de carbono inferior a 0,9% devem conter principalmente martensite, enquanto as amostras com um teor de carbono superior a 0,9% conteriam austenite e carbonetos retidos. Ambas as estruturas superficiais devem ser estudadas no que respeita à resistência à fadiga. De facto, trabalhos anteriores mostraram que as amostras que foram carburizadas com gás a 0,6 e 1,1% tinham o mesmo limite de fadiga [33]. A diferença é que, para as amostras de 0,6%C, trata-se de martensite que induz tensões residuais de compressão e é mais resistente, enquanto que para as amostras de 1,1%C, a austenite retida tem um bom efeito nas propriedades de fadiga, mas esta última encontra-se em grãos finos.

A carbonitretação também deve ser considerada: melhora ainda mais as propriedades mecânicas do aço do que a cementação por si só, graças essencialmente aos nitretos, as superfícies carbonitretadas são também superiores ao amolecimento do que as superfícies cementadas, reduzem a distorção do elemento tratado e oferecem propriedades anti-galvanização, mesmo a tensões superiores à tensão de cedência [36].

Em suma, serão considerados quatro tipos de amostras:

- amostras não tratadas;
- amostras carbonitretadas;
- Amostras cementadas com teor superficial de 0,6% C;
- Amostras cementadas com teor superficial de 1,1% C.

Numa primeira fase, é necessário determinar o melhor tratamento de superfície para uma determinada tensão, supondo que as curvas de fadiga não se cruzam. Para esta etapa, o valor da tensão é o correspondente à falha de amostras não tratadas por volta dos 100 000 ciclos. Numa segunda etapa, a curva de fadiga será desenhada para o material não tratado e para o tratamento de superfície selecionado.

4.2.3 Conceção da experiência através da análise FEM

4.2.3.1 Primeira montagem experimental

De acordo com a primeira parte deste relatório, sabemos que a falha por fadiga da ligação do revestimento em "Perfuração com revestimento" se deve à falha das últimas roscas engatadas do pino. Sabemos também que a falha por fadiga da ligação está relacionada com a flexão, com uma fenda que se inicia na raiz da rosca com uma direção de 45 graus devido à carga aplicada no flanco da rosca.

A partir destas afirmações, uma análise do MEF permitiu determinar o conceito básico da experiência, de modo a que as tensões se concentrassem na raiz da rosca. Com um desenho de amostra (figura 45), baseado numa rosca de contraforte API, foram calculadas diferentes configurações. A disposição consiste em aplicar uma força na extremidade esquerda (setas cor-de-rosa à esquerda), de modo a criar flexão e, consequentemente, concentração de tensões na raiz da rosca, enquanto se fixa a parte direita da amostra (setas azul e laranja à direita).

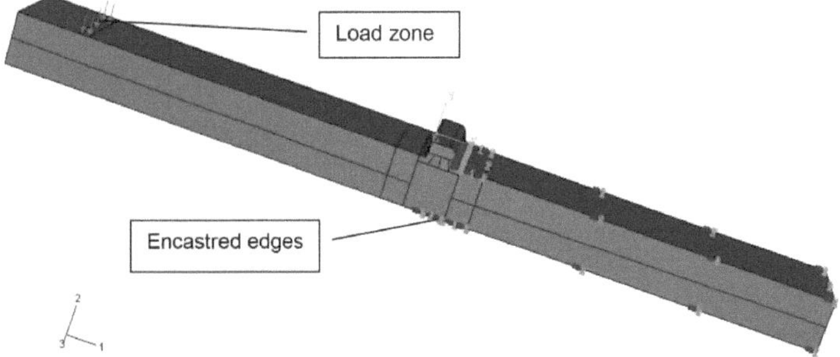

Figura 45: forma da amostra experimental

As simulações permitiram determinar a melhor configuração para a fixação da amostra num sábio, de modo a obter uma concentração de tensões caraterística na raiz da rosca, como se mostra na figura 46:

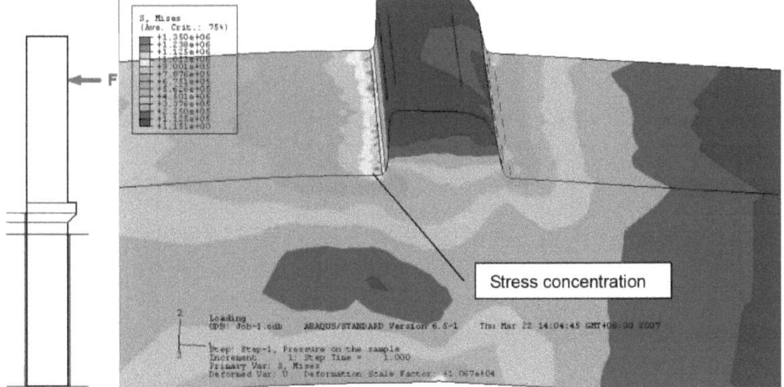

29

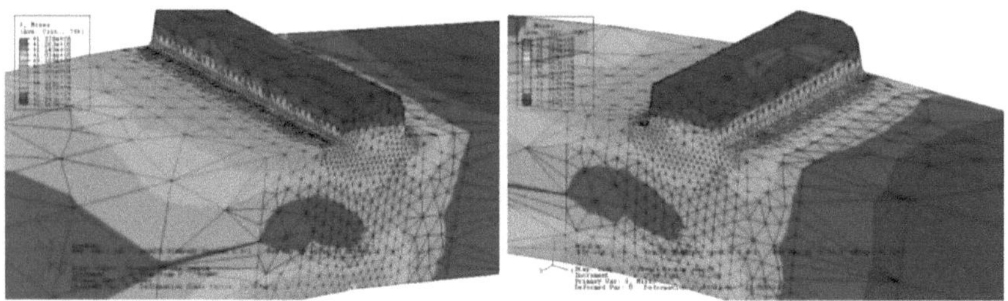

Figura 46: Concentração de tensões na raiz da rosca

De acordo com esta simulação, foram concebidos os componentes para esta experiência. A figura 47 mostra o esquema da experiência, e a primeira ideia era observar a iniciação de fendas na raiz da rosca. Os componentes (figuras 48 e 49), que também foram submetidos a uma análise FEM, de modo a obter a melhor geometria de acordo com a repartição de tensões.

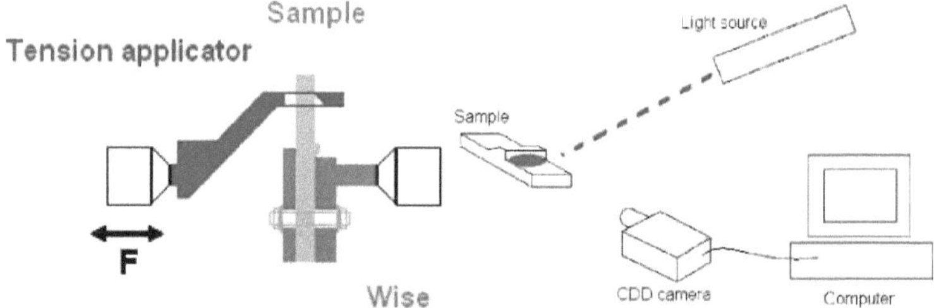

Figura 47: Disposição geral da experiência de fadiga

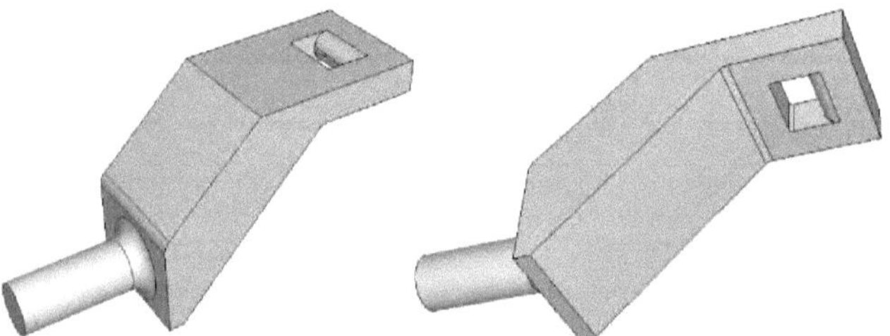

Figura 48: Conceção do aplicador de tensão móvel

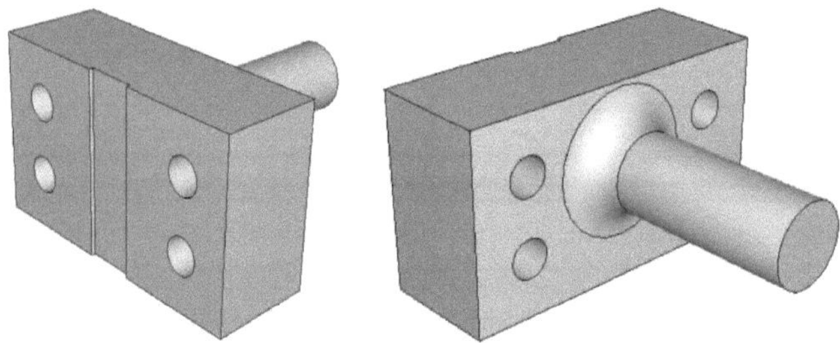

Figura 49: Conceção do sábio não móvel

No que diz respeito à deteção do início da fissura na raiz da rosca, a ideia era colocar uma câmara CCD na direção perpendicular ao eixo da raiz da rosca, como mostra a figura 46. Ao tirar fotografias da superfície da raiz da rosca, comparar-se-ia a repartição da intensidade da luz e verificar-se-ia uma alteração quando surgisse uma fenda. Foi elaborado um programa de processamento de imagens através do Matlab, utilizando a intensidade espetral de pico integrada [40]. Para resumir o processo, serão tiradas fotografias da superfície antes e durante o carregamento, depois são digitalizadas em matrizes de escala de cinzentos $g_i(r,s)$ (ver figura 50, sendo i o número de ciclos, 0 corresponde a um pixel branco enquanto o valor 256 corresponde a um pixel preto). A intensidade espetral do pico integrado é então definida por onde M e N são as dimensões das matrizes. Para utilizar esta técnica, será necessário dispor de uma superfície branca, uma vez que a fenda aparece a preto na imagem, pelo que terá de ser efectuado um polimento nas superfícies das amostras. Assim que a fenda aparece, a função de intensidade espetral do pico integrado aumenta rapidamente, como se mostra no gráfico 50. O código Matlab é fornecido em anexo.

$$H_i = \frac{\sum_{r=1}^{N}\sum_{s=1}^{M} g_i(r,s)}{\sum_{r=1}^{N}\sum_{s=1}^{M} g_0(r,s)} \tag{4}$$

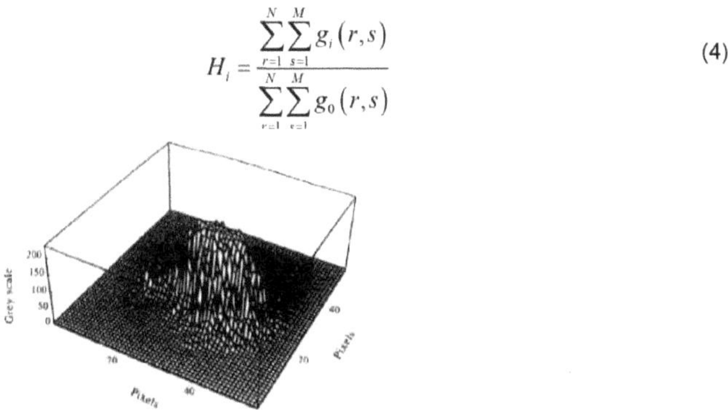

Figura 50: exemplo de imagem digitalizada para uma matriz

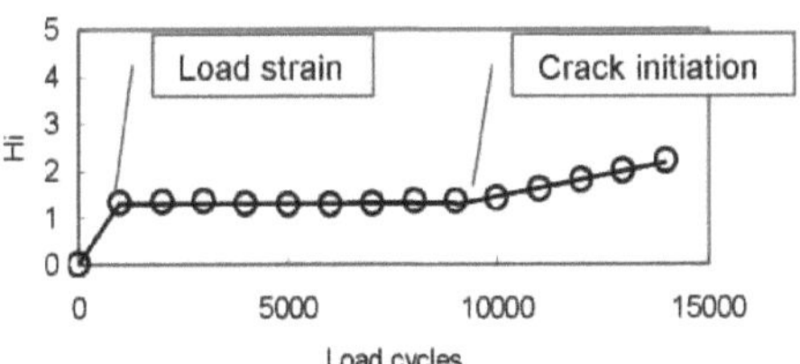

Figura 51: evolução da função da intensidade espetral do pico integrado durante um ensaio de fadiga

Este primeiro protótipo revelou alguns pontos fracos. A análise FEM mostrou uma concentração de tensões no flanco orientado a 90°, mas também uma menor concentração de tensões no flanco orientado a 77°. A figura 52 mostra a área de concentração de tensões. A questão é que a configuração experimental estava a proporcionar dois tipos de falhas em repartição semelhante:

- um grupo cuja fissura se iniciou no flanco orientado a 90°;

- outro grupo cuja fissura se iniciou no flanco orientado a 77°.

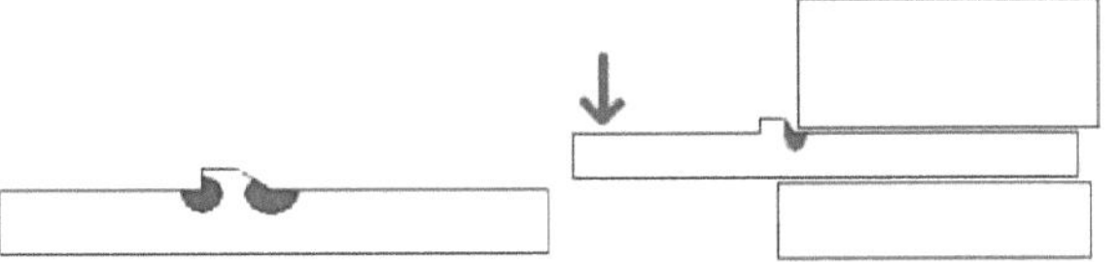

Figura 52: Concentração de tensões no flanco orientado a 90° (verde) e no flanco orientado a 77° (vermelho)

No entanto, esta configuração experimental forneceu resultados para determinar o melhor tratamento de superfície, mas não teve em conta a carga no flanco de 90° e a forma da rosca.

Supondo que as mesmas experiências seriam efectuadas numa rosca com gancho, o ângulo negativo não teria qualquer impacto na resistência à fadiga da amostra nesta área.

Além disso, também houve problemas na deteção do início da fissura. Em primeiro lugar, a raiz da rosca tem um raio preciso de 0,2 mm (ver a parte seguinte sobre a preparação da amostra), pelo que o polimento desta zona é bastante difícil. Em segundo lugar, o aplicador de carga era suficientemente alto para permitir um ângulo de visão que permitisse à objetiva aproximar-se suficientemente da superfície curva, mas impedia a máquina de fadiga de atingir uma frequência e uma carga elevadas. Em terceiro lugar, essa superfície tinha uma dupla curvatura, uma relacionada com a rosca e a outra relacionada com o corpo do tubo de onde foram extraídas as amostras. Como consequência, a objetiva não podia fornecer uma imagem clara de toda a raiz. Decidiu-se alterar esta primeira configuração experimental para uma mais eficiente.

4.2.3.2 Segunda montagem experimental

Foram efectuadas três alterações em cada parte da configuração. Em primeiro lugar, a altura do aplicador de carga foi reduzida (figura 53), e esta alteração permitiu que a máquina fornecesse cargas mais elevadas e a maior frequência na amostra.

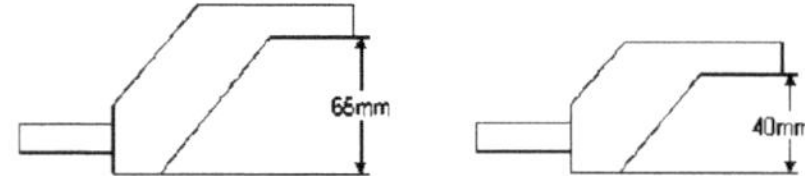

Figura 53: encurtamento do aplicador de carga

Em segundo lugar, para que o comportamento da amostra se aproximasse o mais possível das condições reais, foi também alterado o pavimento não móvel. Foi criado um pequeno espaço no interior do cabo, e as dimensões da placa de fixação deixam espaço suficiente para a luz atingir a raiz da rosca (figuras 54 e 55). Esta configuração foi testada pela primeira vez através da análise FEM e, nesta configuração, a concentração de tensões localiza-se apenas no flanco orientado a 90° (figura 56).

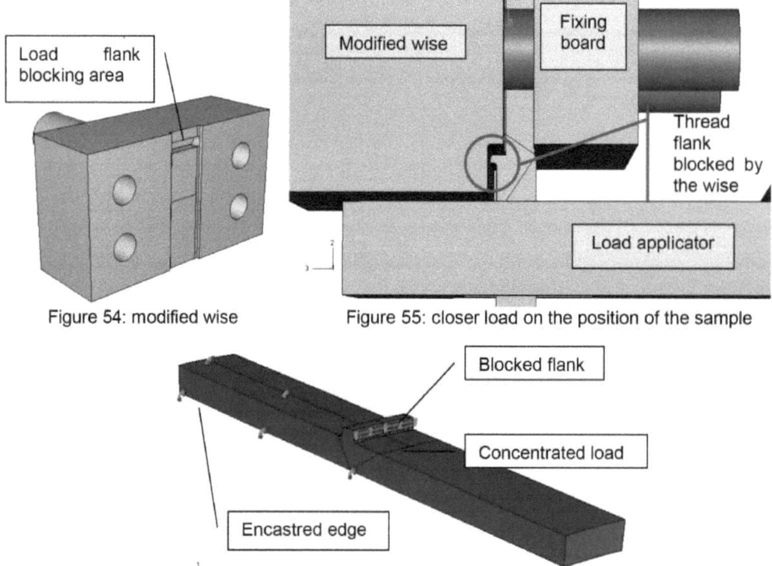

Figure 54: modified wise

Figure 55: closer load on the position of the sample

Figure 56: improved model

Para este modelo, foi considerada uma amostra curva (figura 56), em vez da amostra cúbica da primeira análise. Além disso, a observação das amostras mostrou que a carga foi aplicada numa área muito pequena, pelo que foi considerada como um ponto. A última consideração é o flanco da carga, que foi considerado como estando impedido de se mover na direção longitudinal.

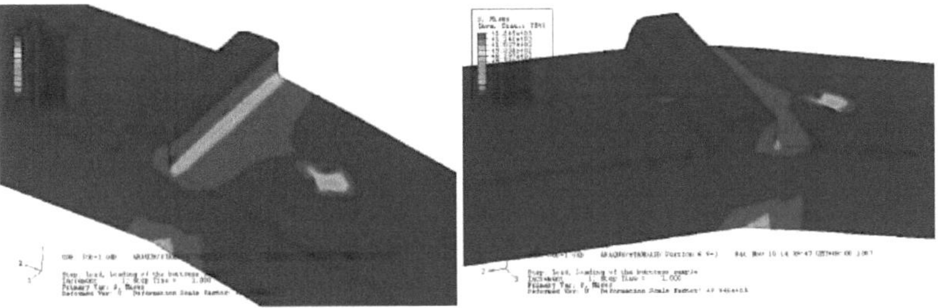

Figura 57: concentração de tensões na raiz da rosca com a nova configuração

No que diz respeito ao controlo da iniciação da fissura, optou-se por observar as amostras pelas superfícies laterais. Embora este método não permita determinar o local exato de iniciação da fenda na raiz da rosca, pelo menos é possível observar o bom desenrolar das experiências. O programa de tratamento de imagens não pôde ser utilizado nesta situação porque a câmara CCD acoplada à objetiva e a luz irregular do estroboscópio não permitiram obter fotografias comparáveis. No capítulo seguinte são apresentadas imagens de toda a montagem. As plantas do segundo protótipo estão disponíveis em anexo.

4.3 Protocolo da experiência

4.3.1 Preparação das amostras

O material utilizado para este projeto foi um invólucro N 80, 5 1/2", 17lb/ft, espessura de parede de 7,72mm. As suas propriedades mecânicas e composição química estão listadas nas tabelas 3 e 4.

Módulo de elasticidade (MPa)	Tensão de cedência (MPa)	Dureza (HRC)	Alongamento (%)
865	595	28	22

Quadro 2: Propriedades mecânicas do invólucro N80

Elemento (%wt)	C	Si	Mn	P	S	Cr	Ni	Cu	V
N 80	0.34	0.27	1.45	0.018	0.008	0.04	0.03	0.14	0.09

Quadro 3: Composição química do invólucro N80 (%)

Este invólucro foi cortado em rolos de 80 mm de comprimento e em cada rolo foi maquinada apenas uma rosca de contraforte API de "flanco de carga zero", cujas dimensões (ver figura 58) são fornecidas pelo boletim API 5CT. A rosca de contraforte API foi escolhida por ser mais fácil de roscar do que a rosca em cunha.

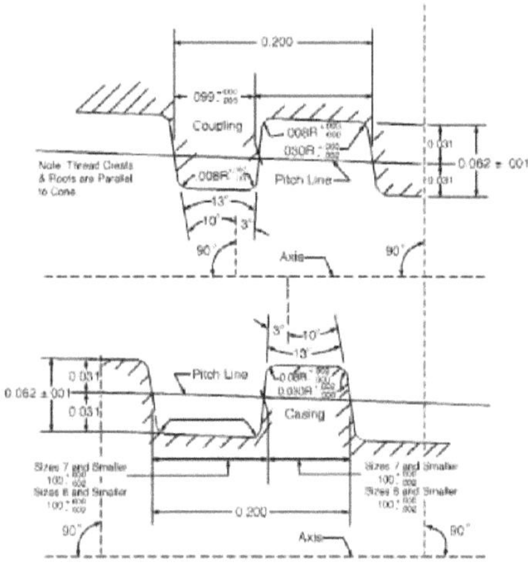

Figura 58: Dimensões API da rosca de contraforte

Em seguida, a partir de três conjuntos de dois rolos, cada conjunto foi submetido a um tipo de tratamento de superfície. O processo seguido para cada tipo de tratamento de superfície é descrito de seguida. A profundidade do processo é inspirada no que é feito atualmente para as engrenagens na indústria automóvel.

Caraterísticas do tratamento de superfície	Processo
Carburação 0,6% C Dureza 60 HRC Espessura 0,61 mm	1. Carburação a 900C a 1,2% C durante 1 hora 2. Carburação a 900C a 0,7% C durante 1,5 horas 3. Recozimento a 820C durante 30 min e depois arrefecimento em óleo 4. Têmpera a 160C durante 2 horas e arrefecimento ao ar
Carburação 1,1% C Dureza 60 HRC Espessura 0,55 mm	1. Carburação a 920C a 1,2% C durante 1 hora 2. Carburação a 920 C a 0,9% C durante 70min 3. Recozimento a 820C durante 30 min e depois arrefecimento em óleo 4. Têmpera a 160C durante 2 horas e arrefecimento ao ar
Carbonitretação Dureza 60 HRC Espessura 0,2 mm	1. Carbonitretação a 830C a 0,8% C durante 1 hora e depois têmpera em óleo 2. Têmpera a 160C durante 2 horas e arrefecimento ao ar

Quadro 4: Tratamentos termoquímicos considerados para esta investigação

De cada rolo foram extraídas amostras, cuja largura da face interior é de 10 mm. Em seguida, os lados da amostra são polidos de modo a obter uma superfície reflectora. Os números de grãos do papel de polimento são 200, 600, 1000, 1500 e finalmente 2000. Através deste processo, é possível ver claramente o início e a propagação da fissura através da amostra.

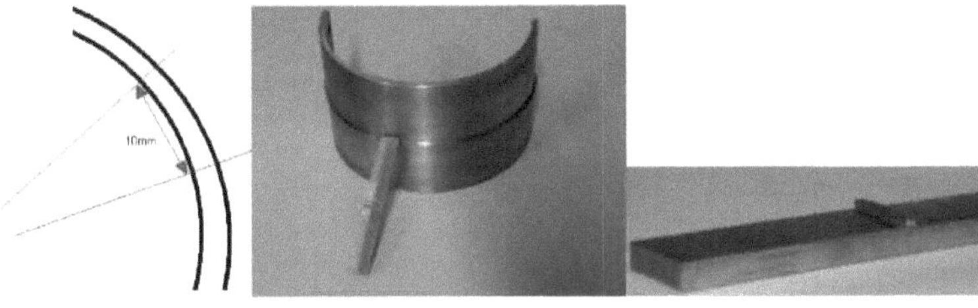

Figura 59: Processo de extração de amostras do rolo

4.3.2 Configuração geral

A máquina utilizada para esta experiência é uma máquina de tração biaxial, que foi utilizada a 30 Hz, e cuja carga máxima é de 10 000 N. Para observar a propagação da fenda pelo lado da amostra, foi necessária a utilização de um estroboscópio para obter uma visão estável da amostra em movimento através da câmara CCD.

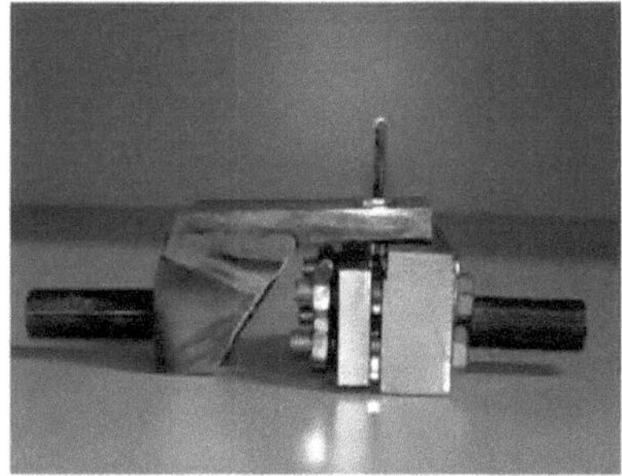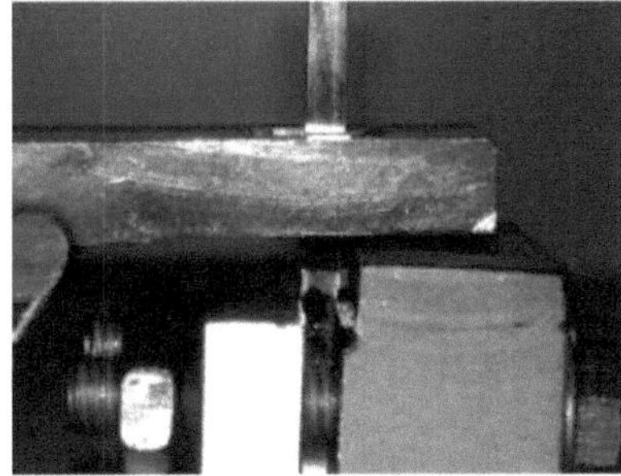

Figura. 60: Disposição do aplicador sábio e de carga

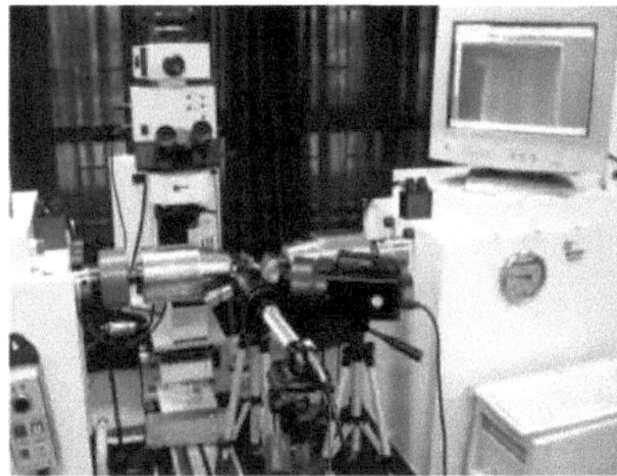

Figura 61: Instalação experimental

Figura 62: Explicação da configuração

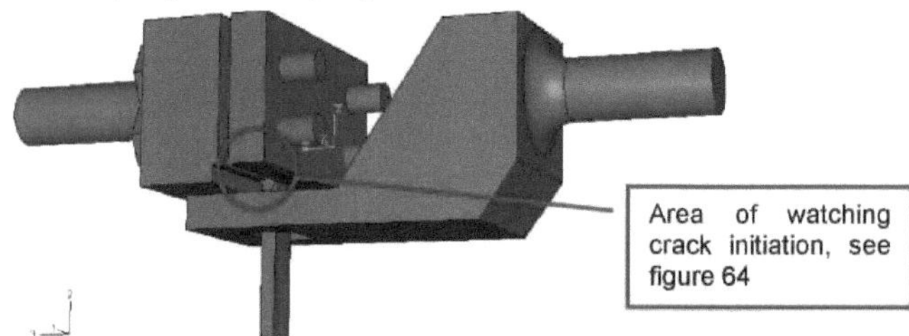

Figura 63: Esquema da instalação

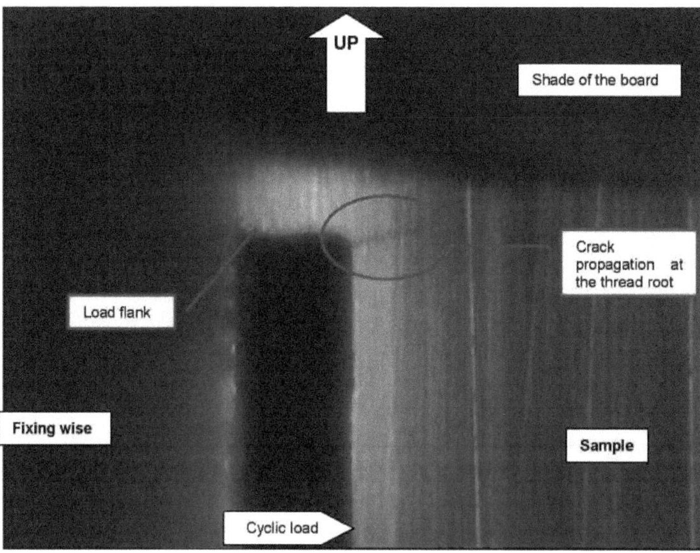

Figura 64: Monitorização da iniciação e propagação de fissuras

5 Resultados e comentários

5.1 Determinação do melhor tratamento de superfície

Após a obtenção das amostras para a experiência, o primeiro passo consiste em determinar o melhor tratamento de superfície. Para este efeito, a carga de referência foi a que conduziu à falha por fadiga das amostras não tratadas em cerca de 100 000 ciclos. Uma vez determinada esta carga, as amostras tratadas foram testadas ao mesmo nível. Se uma amostra estivesse a ser submetida a mais de 500 000 ciclos sem qualquer zona de plasticidade, o ensaio era interrompido. A frequência de carga foi de 30Hz e o rácio de carga R foi de 0,1. A curva abaixo apresenta os resultados:

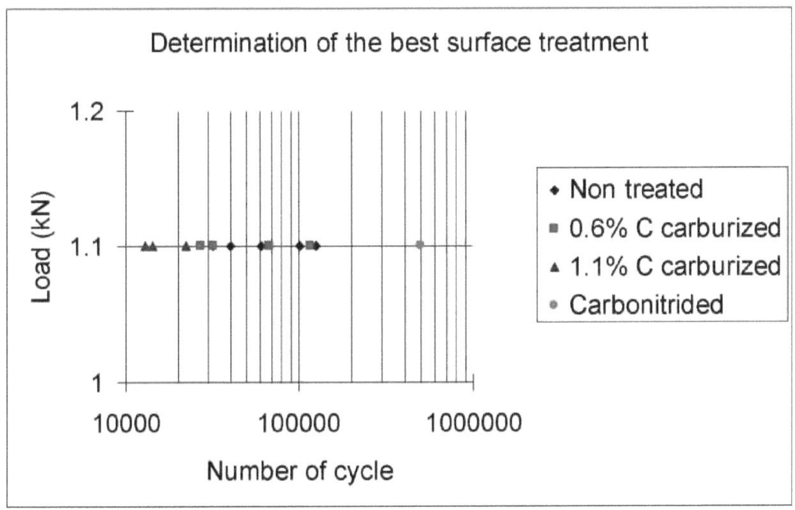

Figure 65

Aparentemente, as amostras carbonitretadas são as únicas que registam um grande aumento da vida à fadiga. As amostras cementadas com teor de carbono de 0,6% tinham a mesma vida à fadiga que as não tratadas, enquanto que as amostras cementadas com teor de carbono de 1,1%C tinham uma vida à fadiga mais curta. Tal observação estava em contradição com a literatura [33,37,38], e mais investigações foram feitas.

É necessário recordar que a resistência à fadiga é, por um lado, função do estado estrutural da superfície (agulhas finas ou grãos finos) e, por outro, função do estado da superfície (presença de entalhes). A questão é que a têmpera após a cementação para criar um caso martensítico está a gerar microfissuras na superfície. Normalmente, recomenda-se que se proceda ao acabamento mecânico após a cementação, a fim de reduzir o número de microfissuras, mas tal ação não foi realizada em amostras cementadas.

No que diz respeito às amostras com um teor de carbono de 1,1%, há outro fenómeno que deve ser tido em conta. De facto, nestas amostras, a taxa de austenite residual é bastante elevada. Normalmente, recomenda-se reduzir a presença deste tipo de material na camada superficial, uma vez que a dureza diminuiria. No caso de uma boa distribuição de grãos muito finos de austenite residual na camada superficial, sob cargas de compressão, esta austenite residual transforma-se em martensite, o que contribui para o reforço do material. No caso do "Drilling with Casing", as ligações são efetivamente submetidas a cargas de compressão e de tração; a carga de tração é prejudicial para os componentes que contêm austenite residual.

Depois de ter selecionado o tratamento de superfície mais eficaz, a quantificação da melhoria da vida à fadiga deve ser desenhada.

5.2 Quantificação do aumento das propriedades de fadiga da carbonitretação

Os ensaios de fadiga realizados a 30 Hz e com uma razão de carga R=0,1 para as amostras não tratadas e para as amostras carbonitretadas conduzem aos seguintes resultados:

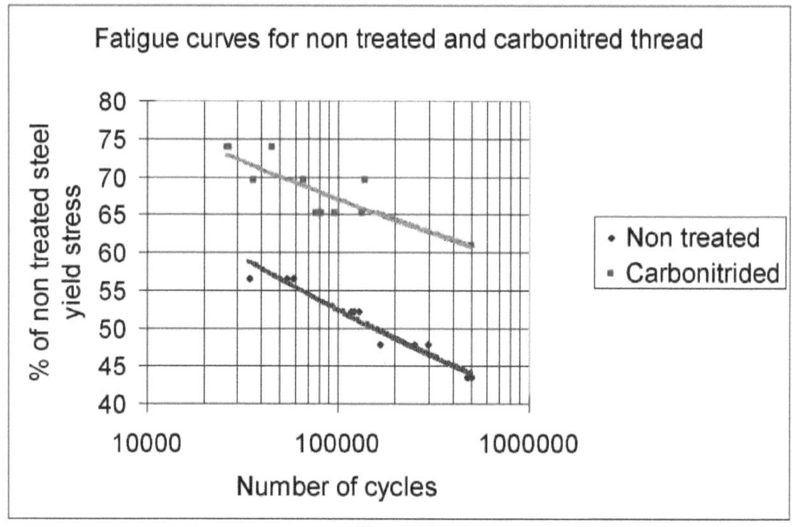

Figure 66

Neste gráfico, considerou-se que o ensaio foi interrompido quando a amostra foi submetida a mais de 500 000 ciclos sem qualquer vestígio de zona plástica na raiz da rosca. Em seguida, o gráfico mostra a relação entre a carga aplicada e a carga de tensão de cedência das amostras não tratadas. Podem retirar-se duas conclusões deste gráfico:

•	Neste caso, a carbonitruração permite aumentar a carga em 32%, o que significa que, para um determinado número de ciclos, pode ser aplicado um maior peso sobre a broca, aumentando assim a taxa de construção;

•	Para um determinado peso sobre a broca, a vida à fadiga aumenta, reduzindo assim o risco de falha por fadiga.

No entanto, foram realizados alguns ensaios de tração utilizando a mesma configuração experimental, a fim de determinar as alterações no material. De facto, as amostras carbonitrurizadas mostraram uma melhoria da tensão de cedência de 52% em comparação com as amostras não tratadas, mas também tiveram uma falha frágil (ver figura 68). O teste Charpy não pode ser efectuado nas amostras devido à forma e à espessura de 4 mm, mas a resiliência, que representa a capacidade do material para resistir à propagação de fissuras, não deve ser tão boa como os valores das amostras não tratadas. A questão é que a API publicou recentemente um suplemento (API 5CT SR16) sobre a necessidade de efetuar um ensaio Charpy em aços, a fim de reduzir ainda mais o risco de falhas no fundo do poço. Têm de ser efectuadas mais investigações para obter bons processos de carbonitretação sem uma tal fragilização do material.

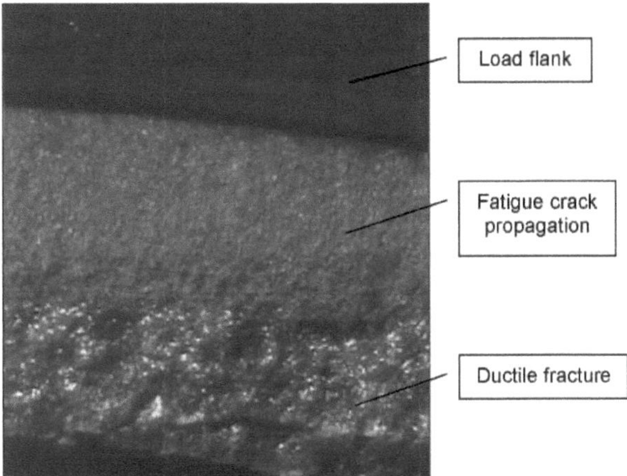

Figura 67 Secção transversal de rotura por fadiga de uma amostra não tratada

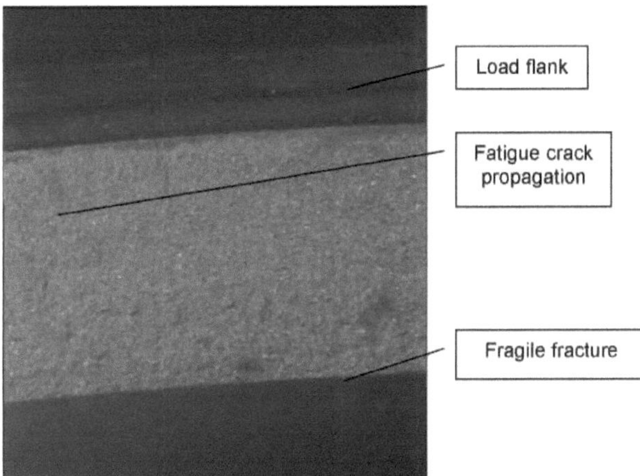

Figura 68 Secção transversal de falha por fadiga da amostra carbonitretada

5.3 Comparação da iniciação de fissuras

A Microscopia Eletrónica de Varrimento (SEM) foi utilizada em amostras fracturadas para verificar se a fissura se inicia na superfície da amostra ou sob a caixa carbonitretada, também chamada fissura subsuperficial. As superfícies fracturadas de ambos os tipos de amostras serão comparadas em quatro níveis:

- Superfície do flanco de carga (zona 1);

- Zona de fadiga (zona 2);

- Zona de fratura (zona 3);

- Local de início da fissura na raiz do fio (zona 4).

Nota: NT significa "não tratado", CN significa "carbonitruído".

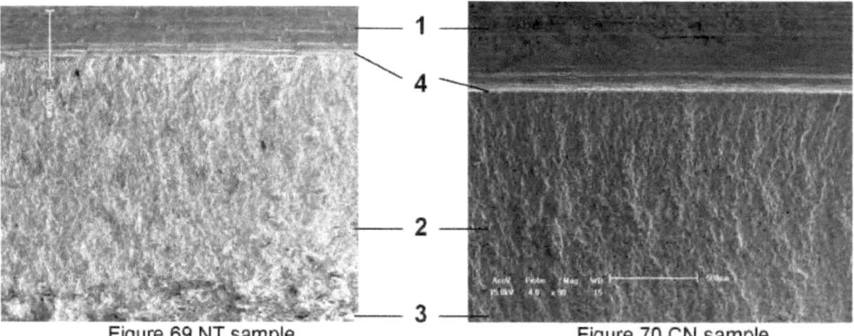

Figure 69 NT sample | Figure 70 CN sample

Figura 72 Flanco de carga da amostra NC

Relativamente à zona de fadiga, ambas as amostras também apresentam caraterísticas semelhantes, mesmo no caso da carbonitruração da qual foi retirada a zona (figura 74). No entanto, há uma clara diferença entre a amostra não tratada e a amostra carbonitretada na face de fratura: a figura 75 mostra microvazios maiores para a amostra não tratada, enquanto que tais microvazios são mais finos e mais uniformemente distribuídos para as amostras carbonitretadas. A figura 76 foi tirada longe do caso carbonitretado, e tal mudança de microestrutura é mais devido à têmpera após o aquecimento a 820 °C.

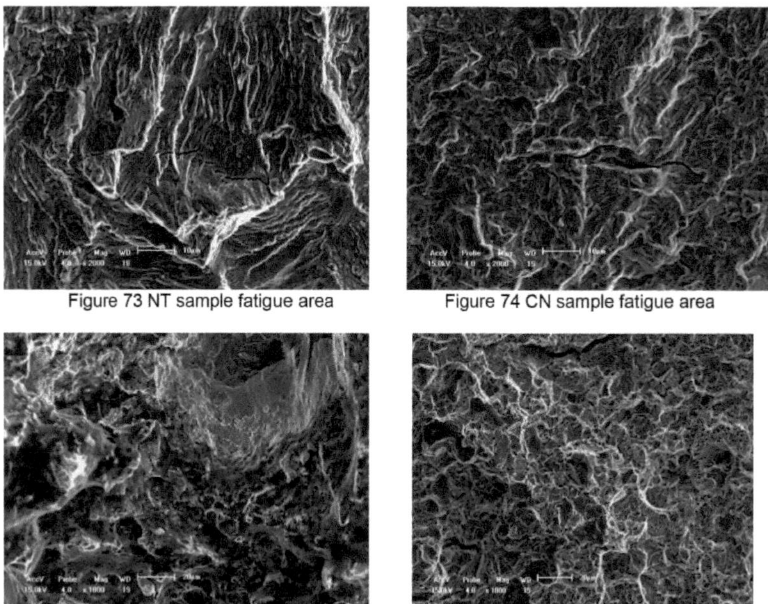

Figure 73 NT sample fatigue area | Figure 74 CN sample fatigue area

Figure 75 NT sample fracture area | Figure 76 CN sample fracture area

Finalmente, a amostra carbonitretada foi inspeccionada em duas áreas para determinar os locais de início das fissuras. De facto, as fissuras de fadiga podem iniciar-se quer na superfície, na raiz da rosca, quer na fronteira entre a caixa carbonitretada e o núcleo da amostra, que se encontra a 0,2 mm da superfície. De acordo com as figuras 78 e 79, os locais de iniciação de fissuras estão localizados nos locais de defeitos de rosca, uma vez que os defeitos actuam como elevadores de tensão. Seria interessante estudar a iniciação de fissuras por fadiga noutros processos de carbonitretação que forneçam um revestimento, como a técnica de deposição de vapor de plasma

(PVD), e verificar se o revestimento contribui para a melhoria da vida à fadiga, reduzindo o número de defeitos superficiais.

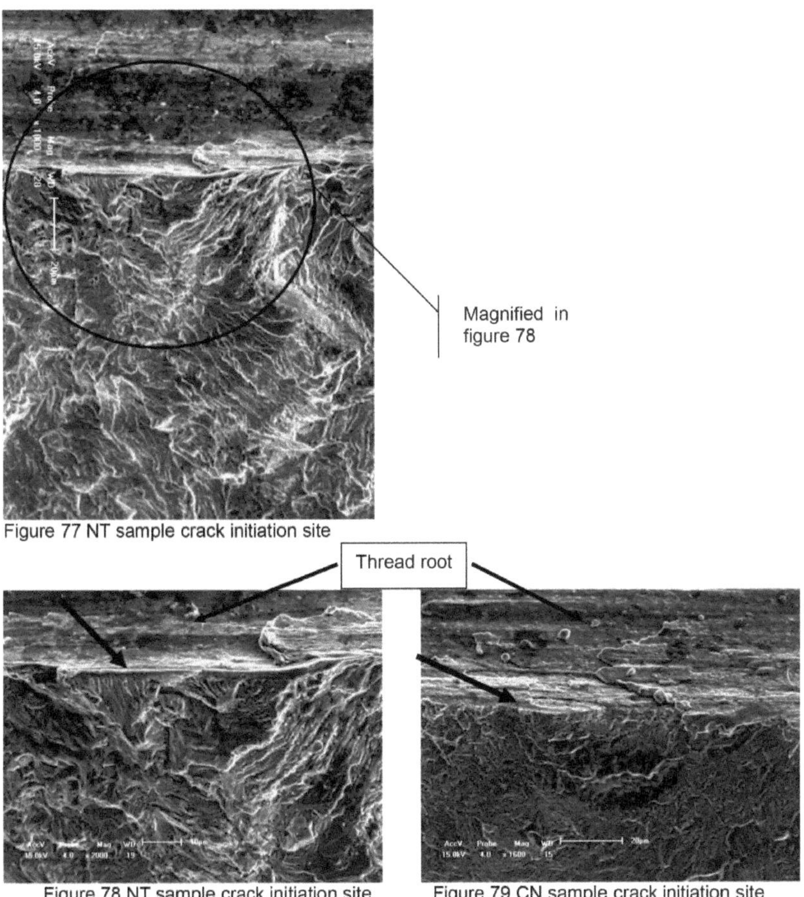

Figure 77 NT sample crack initiation site

Figure 78 NT sample crack initiation site

Figure 79 CN sample crack initiation site

5.4 Sugestões

5.4.1 Melhoria da configuração experimental

Durante as experiências, observou-se que algumas fissuras eram observáveis de um lado e não do outro. Sugere-se a instalação de duas câmaras CCD para que ambos os lados possam ser observados e se possa ter uma melhor ideia da taxa de propagação das fissuras. A segunda sugestão é utilizar uma objetiva mais potente, na perspetiva de utilizar o programa de deteção de fissuras. A objetiva utilizada nesta experiência (lente zoom 16-160mm) não permitiu obter imagens nítidas do local de iniciação da fissura.

Estas sugestões não são essenciais para determinar o melhor tratamento de superfície, uma vez que a propagação de fissuras representa menos de 20% da vida à fadiga, mas este método pode ser utilizado para outras configurações.

5.4.2 Aplicação industrial dos resultados

Algumas caraterísticas adicionais sobre a carbonitretação devem ser destacadas. Uma vez que a carbonitretação é realizada a uma temperatura mais baixa do que a cementação (graças ao azoto que ativa a difusão do carbono), a distorção dimensional é reduzida e a maquinagem final pode ser evitada. Além disso, este processo demora menos tempo e consome menos energia do que a cementação. Entretanto, a carbonitretação tem outros efeitos sobre a ligação do invólucro. Um dos problemas é a maquilhagem das ligações, que gera escoriações nas roscas devido ao aumento da temperatura por fricção. Atualmente, a utilização de dope é reduzida por razões ambientais e estão a ser desenvolvidos revestimentos à base de polímeros ou dissulfureto de molibdénio. As superfícies carbonitrurizadas apresentam um coeficiente de atrito mais baixo e são mais resistentes ao amolecimento do que as superfícies cementadas. Isto significa que o aumento de temperatura devido ao atrito seria reduzido e, ao mesmo tempo, esse aumento de temperatura é menos prejudicial para a rosca, uma vez que esta apresenta uma maior resistência às alterações das propriedades mecânicas quando a temperatura aumenta. Em suma, a carbonitretação não só melhora as propriedades de fadiga, como também pode reduzir a gripagem e devem ser efectuadas investigações para verificar se a utilização de dope pode ser evitada nas ligações carbonitretadas. Em todos os casos, deve ser feito um estudo sobre a profundidade e a relação carbono/nitrogénio para determinar a melhor configuração [41].

6 Conclusões

Foi concebida uma configuração experimental simples para determinar a influência de diferentes tratamentos de superfície, de modo a que seja mais fácil e mais barato testar outros tratamentos de superfície em roscas de revestimento. Os problemas de falha por fadiga no fundo do poço das ligações de revestimento utilizadas na "perfuração com revestimento" podem ser resolvidos através da utilização de carbonitretação nas roscas. No caso desta experiência, melhorou para o mesmo número de ciclos em 32% o limite de resistência, aumentou o limite elástico em mais de 50%, mas infelizmente tornou o aço frágil. Devemos concluir que a carbonitretação em fase gasosa não é o melhor processo para melhorar as propriedades das ligações de revestimento. Esta melhoria é interessante quando comparada com a melhoria obtida pela laminagem a frio nas ligações da coluna de perfuração, que é estimada em cerca de 15%. A carbonitretação poderia ser aplicada a ligações de rosca em cunha, cujo binário de compressão e carga nominal são dos melhores, mas cujo limite de fadiga é baixo em comparação com as ligações de rosca de contraforte. É necessário investigar mais profundamente outros processos de carbonitretação, como a carbonitretação a baixa pressão, a carbonitretação a plasma ou a implantação iónica, a fim de preservar o comportamento dúctil do aço e uma boa resiliência.

No entanto, este banco experimental não pode ser considerado como um substituto para a máquina de fadiga por flexão ressonante, que é recomendada pelo boletim API. É mais uma ferramenta de investigação que permitiria determinar o melhor tratamento de superfície para melhorar a vida à fadiga das ligações de revestimento para aplicações como a perfuração de revestimento. Após ter determinado o processo ótimo e a relação carbono/nitrogénio, terá de ser realizado um ensaio à escala real para certificar a vedação da ligação.

Este relatório centrou-se em tratamentos de superfície termoquímicos baseados na difusão de carbono, consequentemente realizados acima de 850 C, seguidos de têmpera para produzir martensite. Os tratamentos de superfície baseados na difusão de azoto, como a nitruração e a nitrocarbonetação, não foram utilizados devido à baixa concentração de alumínio e crómio; mas, uma vez que são realizados a 400-500 C, não induzem a fragilização do aço. Outro processo que pode ser experimentado é o endurecimento por indução e endurecimento por chama da ligação, seguido de shot peening. O primeiro passo poderia criar a camada martensítica sem afetar o núcleo do material, e o shot peening é uma alternativa à laminagem a frio, aumentando assim a tensão de compressão residual. Recomenda-se a realização prévia de uma simulação para melhorar a repartição da densidade de corrente no interior da rosca em função da frequência do gerador elétrico: com uma frequência demasiado elevada, a corrente eléctrica pode concentrar-se no topo da rosca e não circular à volta da raiz da rosca. No entanto, o endurecimento por indução com shot peening nunca apresentará a mesma melhoria de resistência à fadiga que a carbonitretação.

Estas investigações inscrevem-se no âmbito do desenvolvimento sustentável, reduzindo o número de falhas por fadiga no fundo do poço. Isto implica uma economia de material, de combustível (consumido para pescar a parte inferior ou para desviar em caso de falha de pesca, mas também no transporte de novos componentes para estas operações) e também uma melhor gestão do stress do pessoal de perfuração.

7 Bibliografia

[1] "Perfuração com revestimento - O que pode e o que não pode fazer por um ativo" Tommy Warren, Tesco Corp. Tulsa

Palestra Distinta da SPE 2007

[2] "Perfuração de revestimento: uma tecnologia emergente"

S.F. Shepard, R.H. Reiley (BP America Production Co.), T.M. Warren (Tesco Corp.) Documento SPE 76640-PA

[3] "A perfuração com revestimento promete grandes benefícios,"

Tessari, R.M. *et al*

Oil and Gas J. (1999) 97, No. 20, 58.

[4] "Casing Drilling - A Revolutionary Approach to Reducing Well Costs" R.M. (Bob)Tessari, SPE, e Garret Madell, SPE, Tesco Corporation Paper SPE/IADC 52789

[5] "A tecnologia de perfuração de revestimento avança para aplicações mais desafiantes" Tommy Warren, Bruce Houtchens, Garret Madell, Tesco Corp.

Documento preparado para apresentação na Conferência Nacional de Perfuração da AADE 2001, "Drilling Technology- The Next 100 years", realizada no Omni em Houston, Texas, de 27 a 29 de março de 2001.

[6] Utilização de revestimento para perfurar poços direcionais

Kyle R. Fontenot, Conoco Phillips, Bill Lesso, R. D. Strickler, Conoco Phillips, Tommy Warren, Tesco Corp.

Oilfiled Review, Publicações Schlumberger

[7] A atividade de perfuração com revestimento expande-se no sul do Texas

Kyle Fontenot, SPE, Joe Highnote, SPE, Conoco Inc., Tommy Warren, SPE, Bruce Houtchens, SPE, Tesco Corp.

[8] Quebrando um paradigma: Perfuração de poços de gás com tubagem

Jose C. de Leon Mojarro, SPE, PEMEX E-P, Martin Terrazas, PEMEX E-P, Abraham Julian Eljure, SPE, Hydril Co.

Papel SPE 40051

[9] Perfuração com revestimento em poços de petróleo horizontais

Augustin Jardinez Tera, Martin Terrazas, Renato Gamino Ramos, e Victor M. Lopez Solis, Pemex E&P, Eduardo Diaz, SPE, Hydril Co., e Mike Fischer, Weatherford

Documento SPE/IADC 105403

[10] Perfuração com revestimento rotativo para reservatórios esgotados

L.A. Sinor, Hughes Christensen Co., P. Tybero e O. Eide, Amoco Norway Oil Co. e B.C. Wenande, Consultor

Documento IADC/SPE 39399

[11] 套管钻井技术在庄海5敬重的应用
沙东，王光寄，李健，汤新国，王宏升
石油钻探技术，第1卷第6期2003年12月

[12] 套管钻井中套管破坏失效问题的研究
袁光杰，姚振强，林元华，刘龙权
钻井工程，天然气工业，2003年9月

[11]　Conceção e aplicação de cordas na perfuração rotativa através de tubos

H. Reynolds, SPE, Hydril Company LP, G. Watson, SPE, Hydril Company UK Ltd Documento SPE 81096

[12]　Juntas de ferramentas com rosca em cunha: Aplicações e economia

H. A. Reynolds, SPE, Hydril Co., J. F. Greenip, SPE, Hydril Co.

Papel SPE 74567

[13]　Considerações sobre o design da aplicação de perfuração de revestimento

T.M. Warren, SPE, Tesco Drilling Technology, Per Angman, SPE, Tesco Corp., B. Houtchens, SPE, Tesco Drilling Technology

Documento IADC/SPE 59179

[14]　Perfuração direcional com revestimento

T. Warren, SPE, Bruce Houtchens, SPE, Garret Madell, SPE, Tesco Corp. Documento SPE/IADC 79914

[15]　Perspectivas do revestimento durante a perfuração e factores a ter em conta durante as operações de perfuração na região da Arábia

M.M. Hossain, Universidade Rei Saud, M.M. Amro, Universidade Rei Saud Documento IADC/SPE 87 987

[16]　Colares de perfuração de revestimento eliminam falhas no fundo do poço R.C. Griffin, Grand Prideco, L.L.P., S. Kamruzzaman, Grand Prideco, L.L.P., R.D. Strickler, Conoco Phillips OTC 16569

[17]　Conclusões baseadas em ensaios laboratoriais de tubagem e revestimento K.K. Biegler, Exxon Co. U.S.A. Paper SPE 13067

[18]　Perfuração com revestimento: Perspectivas e limitações

A.K. Gupta, SPE, Indian School of Mines

Papel SPE 99536

[19]　Ressonância de torção de colares de perfuração com brocas PDC em rocha dura T.M. Warren, SPE, e J.H. Oster, Amoco E&P Technology Group Paper SPE 49204

[20]　Fadiga da coluna de perfuração: Estado da Arte

O. Vaisberg, O. Vincké, G. Perrin, J.P. Sarda e J.B. Faÿ Institut français du pétrole, division Mécanique appliquée Oil & Gas Science and Technology - Rev. IFP, Vol. 57 (2002), No. 1, pp. 7-37

[21]　Desempenho da fadiga da coluna de perfuração

Wen-Ching Chen, Exxon Production Research Co. SPE Drilling Engineering, junho de 1990, pp. 129-134

[22]　Análise das tensões na ligação roscada da coluna de perfuração utilizando o método dos elementos finitos K. A. MACDONALD e W. F. DEANS

Engineering Failure Analysis, Vol 2, No. 1 pp. 1-30, 1995

[23]　Distribuição de tensões na ligação da rosca da tubagem de óleo durante o processo de fabrico e rutura Guangjie Yuan, Zhenqiang Yao, Jianzeng Han, Qinghua Wang Engineering failure analysis 11 (2004) 537-545

[24] Prevenção de falhas através da seleção e análise das ligações dos sistemas de perfuração

G.M. Armstrong, T. H. Hills Assocs., e T.M. Wadsworth, SPE, American Petrofina Inc.

Documento SPE/IADC 16075

[25] Fadiga do tubo de perfuração num ambiente de perfuração rápida: Como lidar com o Extremo!

G. J. Plessis, SPE/IADC, Grande Prideco; C. S. Wright, SPE, Chevron Thailand E&P; A. Aranas, D.J., Tailândia; M. J. Jellison, SPE/IADC, e A. Muradov, SPE, Grande Prideco

Documento IADC/SPE 103908

[26] O Impacto das Forças de Compressão nos Projectos e Conectores de Tubos de Revestimento

M.J. Jellison, SPE, e J.N. Brock, SPE, Grant Prideco

SPE Drill & Completion, Vol. 15, No. 4, dezembro de 2000, pp. 241-248

[27] Uma abordagem de conceção inovadora para reduzir a fadiga da coluna de perfuração

T. Hill, P.E., Spe, S. Ellis, SPE, K. Lee, PhD, SPE, N. Reynolds, SPE, N. Zheng, PhD, T. H. Hill Associates, Inc.

Documento IADC/SPE 87188

[28] Uma Introdução à Análise de Falhas para Engenheiros Metalúrgicos Zzz.tms.org/Students/Winner/Davidson/Davidson.html

[29] Mecânica da fratura, fundamentos e aplicações T.L. Anderson, Ph.D.

CRC Press

[30] Efeito das propriedades mecânicas do material na taxa de propagação de fendas de fadiga H. Homma e H. Nakazawa

Instituto de Tecnologia de Tóquio, Megoru-ku, Tóquio, Japão

Mecânica da Fratura em Engenharia, 1978, Vol. 10, pp. 539-552

Imprensa Pergamon

[31] Aços cementados: efeitos microestruturais e de tensões residuais

Actas do simpósio patrocinado pelo Comité de Tratamento Térmico da Sociedade Metalúrgica da AIME, realizado na Reunião Anual da AIME 112th , Atlanta, Geórgia, 9 de março de 1983

A Sociedade Metalúrgica da AIME

[32] Aços de alta resistência e baixa liga: Estado, seleção e metalurgia física

E.E. Fletcher, Laboratórios Bettelle's Columbus

BATTELL PRESS, SPRINGER VERLAG

[33] Transformação de fase em metais e ligas

D. A. Porter e K.E. Easterling

EMPRESA VAN NOSTRAND REINHOLD

[34] http://www.key-to-steel.com

[35] Princípios do tratamento de superfície dos aços

C.R. Brooks

Publicação TECHNOMIC

[36] Endurecimento de aço por cementação

Compilado pelo Comité ASM para a Dureza dos Casos

Editado por Howard E. Boyer

ASM INTERNACIONAL

Metals Park, OH 44073

[37] Fractografia,Bases físicas

A. Pokorny, engenheiro em desinfectologia, Metz e J. Pokorny, engenheiro da Escola Central das Artes e das Indústrias, doutor em engenharia

Techniques de l'Ingenieur, traite Materiaux Metalliques M 4 120

[38] Intensidade espetral de pico integrada para deteção de fissuras in situ

C.J. Tay, H.M. Shang, M.R. Sajan

Optic & Laser Technology, Vol. 29 No. 4 pp. I87-191, 1997

[39] Influência da carbonitretação a alta temperatura na estrutura, composição de fases e propriedades dos aços de baixa liga

Metal science and heat treatment, Springer New York, Vol. 26, No. 4, pp. 262-267, abril de 1984.

8 Anexo

8.1 Esquemas dos componentes da experiência

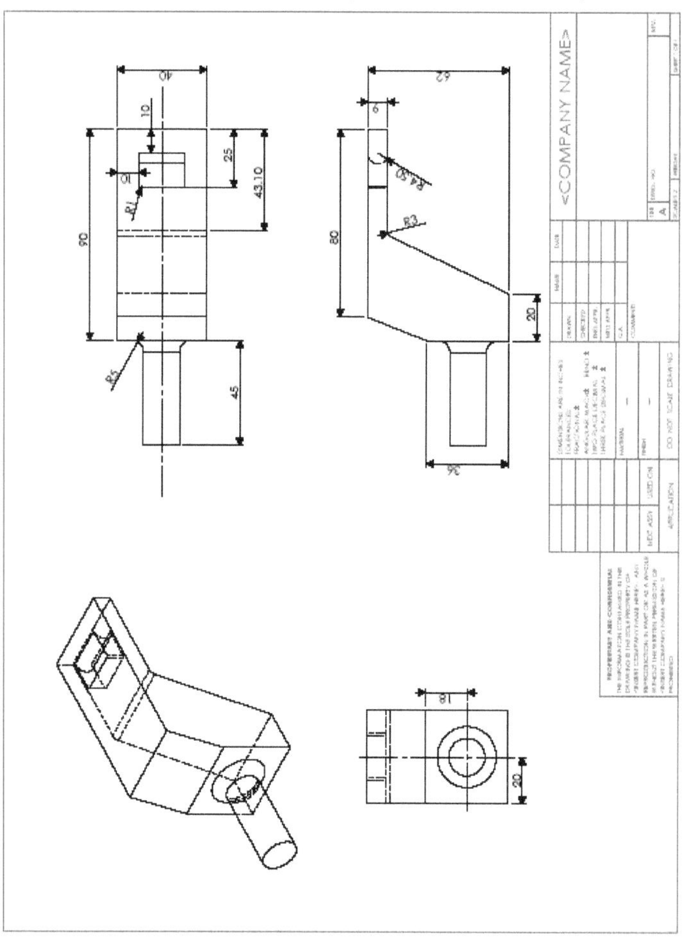

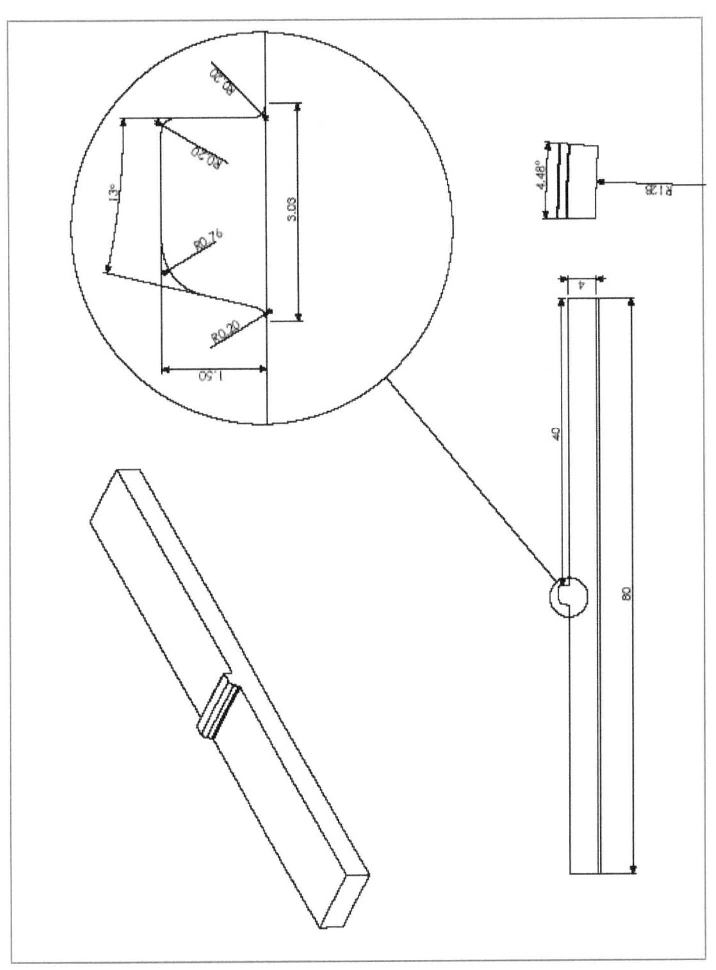

R0.20
R0.20
R0.76
R0.20
13°
5.03
1.50
4.48°
R1.26
40
80
4

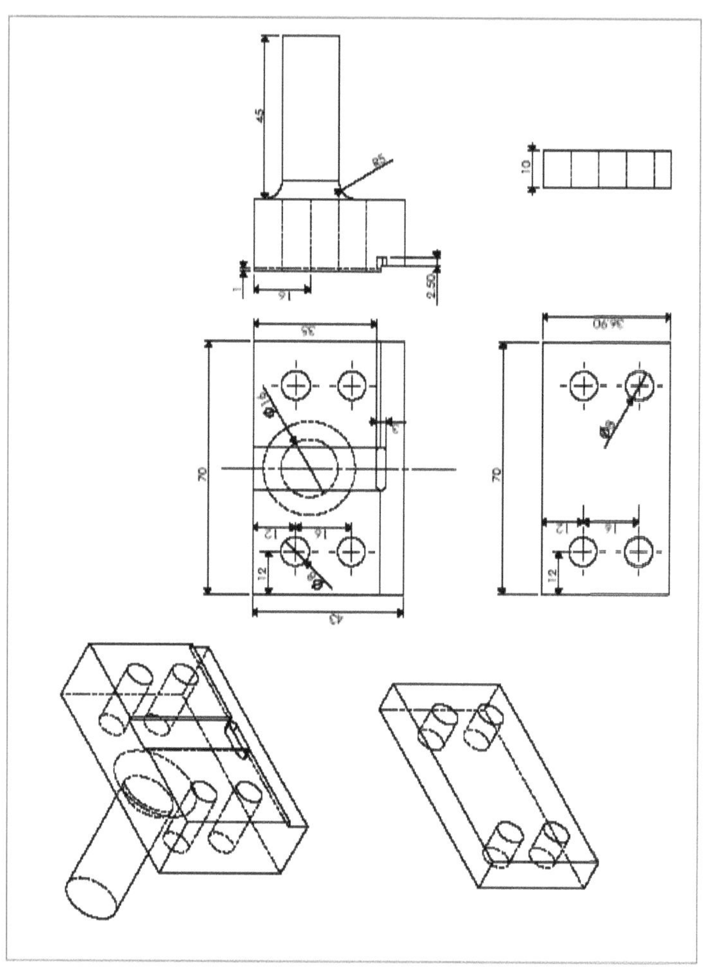

8.2 Código Matlab para a deteção da iniciação de fissuras

```matlab
close all;
clear all;

A= Imread('0000001.bmp');              %Reading the picture
[m,n]=size(A);
T=[];U=[];g=[];H=[];
M_1=1;                                  %Enable to better center the picture
M_2=1;

for i=M_1:m-M_1                         %Process of cutting picture
    for j=M_2:n-M_2
        A_(i-M_1+1,j-M_2+1)=A(i,j);
    end;
end;

B=double(rgb2gray(A));
B=double(A_);
B=255*ones(size(B))-B;
B=A_;

[m_,n_]=size(B);

for i=2:m_-1                            %Process of determining peaks and storage in array for
                                        the reference picture
    for j=2:n_-1
        if        B(i,j)>B(i-1,j)  &  B(i,j)>B(i,j-1)  &  B(i,j)>B(i+1,j)  &  B(i,j)>B(i,j+1)  &
        B(i,j)>B(i-1,j-1) & B(i,j)>B(i-1,j+1) & B(i,j)>B(i+1,j-1) & B(i,j)>B(i+1,j+1);
        P=B(i,j);
        T=[T,P];
         end;
    end;
end;
g(1)=sum(T);

L=[1];
for s=2:100
   L=[L,s*5];

[k,l]=size(L);

for r=1:l                              %Process of determining peaks and storage in array for
                                        the different following pictures
   s=r;
   r=L(r);
   r=num2str(r);
   r=[r,'.bmp'];
   A = Imread(r);
   for i=M_1:m-M_1                     %Process of cutting picture
```

```
    for j=M_2:n-M_2
       A_(i-M_1+1,j-M_2+1)=A(i,j);
    end;
  end;
  B = double(rgb2gray(B));
  B=double(A_);
  B=255*ones(size(B))-B;
  for i=2:m_-1
    for j=2:n_-1
       if B(i,j)>B(i-1,j) & B(i,j)>B(i,j-1) & B(i,j)>B(i+1,j) & B(i,j)>B(i,j+1) & B(i,j)>B(i-1,j-1)
& B(i,j)>B(i-1,j+1) & B(i,j)>B(i+1,j-1) & B(i,j)>B(i+1,j+1)
          Q=B(i,j);
          U=[U,Q];
       end;
    end;
  end;
  g(s+1)=sum(U);
end;

for r=1:l+1
    H=[H,g(r)/g(1)];              %Drawing of the graph to determine crack initiation
end;
```

Agradecimentos

Como estagiário, gostaria de agradecer à empresa Total E&P Chine pelo seu apoio financeiro e por me ter dado a oportunidade de descobrir o mundo da exploração e produção na indústria do petróleo e do gás na Mongólia Interior, CHINA. Gostaria de agradecer a todos os funcionários da Total S.A. e da Total E&P Chine, que disponibilizaram o seu tempo e a sua energia para a minha formação.

Como estudante francês convidado pelo governo chinês, gostaria de agradecer à Universidade de Tsingha por me ter oferecido a oportunidade de estudar mecânica na Escola Aeroespacial. Estou grato aos meus tutores, Pr. SHI Huij e Pr. NIU Lisha, aos meus colegas de laboratório, aos professores, aos engenheiros, aos técnicos e aos estudantes da Escola Aeroespacial pela sua ajuda, paciência e amabilidade.

Gostaria também de endereçar um agradecimento especial a Serge WAINTRAUB, com quem as palestras técnicas me inspiraram muito, a CAI Mingchun e a CHEN Xiaobo, por todo o tempo que me disponibilizaram para compreender a cultura chinesa.

Printed by Books on Demand GmbH, Norderstedt / Germany